国家级一流本科专业建设点配套教材 · 服装设计专业系列 | 丛书主编 | 任 绘
高等院校艺术与设计类专业“互联网+”创新规划教材 | 丛书副主编 | 庄子平

服饰色彩写生

山雪野 编著

内 容 简 介

服饰色彩写生是服装设计专业的一门绘画基础课程。本书立足于服饰色彩的感受能力、观察能力和表现能力，要求学生从感性的色彩研究出发，逐步进入理性色彩的研究，培养学生既有认识和表现自然光色中服饰色彩形态变化的能力，也具备对服饰色彩形态进行归纳整合的能力，在教学实践中重视观察上的深刻性和表现上的实验性，寻找更多表现的可能性，使学生的绘画观念统一于专业要求之中。

本书对服饰色彩写生的基本理论进行了系统的讲解，并选用了大量具有针对性、独创性的作品作为范例，帮助读者更为便利地学习和借鉴。

本书既适合作为高等院校服饰艺术设计专业的绘画基础课教材，也可作为对服饰色彩感兴趣的读者的参考用书。

图书在版编目 (CIP) 数据

服饰色彩写生 / 山雪野编著. —北京：北京大学出版社，2022. 9
高等院校艺术与设计类专业“互联网 +”创新规划教材
ISBN 978-7-301-33203-0

Ⅰ. ①服… Ⅱ. ①山… Ⅲ. ①服装色彩—设计—高等学校—教材 Ⅳ. ①TS941.11

中国版本图书馆 CIP 数据核字 (2022) 第 142566 号

书 名 服饰色彩写生
FUSHI SECAI XIESHENG
著作责任者 山雪野 编著
策划编辑 蔡华兵
责任编辑 李瑞芳
数字编辑 金常伟
标准书号 ISBN 978-7-301-33203-0
出版发行 北京大学出版社
地 址 北京市海淀区成府路 205 号 100871
网 址 http://www.pup.cn 新浪微博：@ 北京大学出版社
电子信箱 pup_6@163.com
电 话 邮购部 010-62752015 发行部 010-62750672 编辑部 010-62750667
印 刷 者 天津中印联印务有限公司
经 销 者 新华书店
889 毫米 ×1194 毫米 16 开本 8 印张 196 千字
2022 年 9 月第 1 版 2022 年 9 月第 1 次印刷
定 价 55.00 元

未经许可，不得以任何方式复制或抄袭本书之部分或全部内容。

版权所有，侵权必究

举报电话：010-62752024 电子信箱：fd@pup.pku.edu.cn

图书如有印装质量问题，请与出版部联系，电话：010-62756370

序言

纺织服装是我国国民经济传统支柱产业之一，培养能够担当民族复兴大任的创新应用型人才是纺织服装教育的根本任务。鲁迅美术学院染织服装艺术设计学院现有染织艺术设计、服装与服饰设计、纤维艺术设计、表演（服装表演与时尚设计传播）4 个专业，经过多年的教学改革与探索研究，已形成 4 个专业跨学科交叉融合发展、艺术与工艺技术并重、创新创业教学实践贯穿始终的教学体系与特色。

本系列教材是鲁迅美术学院染织服装艺术设计学院六十余年的教学沉淀，展现了学科发展前沿，以“纺织服装立体全局观”的大局思想，融合了染织艺术设计、服装与服饰设计、纤维艺术设计专业的知识内容，覆盖了纺织服装产业链多项环节，力求更好地为全产业链服务。

本系列教材秉承“立德树人”的教育目标，在“新文科建设”“国家级一流本科专业建设点”的背景下，积聚了鲁迅美术学院染织服装艺术设计学院学科发展精华，倾注全院专业教师的教学心血，内容涵盖服装与服饰设计、染织艺术设计、纤维艺术设计 3 个专业方向的高等院校通用核心课程，同时涵盖这 3 个专业的跨学科交叉融合课程、创新创业实践课程、产业集群特色服务课程等。

本系列教材分为染织服装艺术设计基础篇、理论篇、服装艺术设计篇、染织艺术设计篇、纤维艺术设计篇 5 个部分，其中，基础篇、理论篇涵盖染织艺术设计、服装与服饰设计、纤维艺术设计 3 个专业本科生的全部专业基础课程、绘画基础课程及专业理论课程；服装艺术设计篇、染织艺术设计篇、纤维艺术设计篇涵盖染织艺术设计、服装与服饰设计、纤维艺术设计 3 个专业本科生的全部专业设计及实践课程。

本系列教材以服务纺织服装全产业链为主线，融合了专业学科的内容，形成了系统、严谨、专业、互融渗透的课程体系，从专业基础、产教融合到高水平学术发展，从理论到实践，全方位地展示了各学科既独具特色又关联影响，既有理论阐述又有实践总结的集成。

本系列教材在体现了课程深厚历史底蕴的同时，展现了专业领域的学术前沿动态，理论与实践有机结合，辅以大量优秀的教学案例、社会实践案例、思考与实践等，以帮助读者理解专业原理、指导读者专业实践。因此，本系列教材可作为高等院校纺织服装时尚设计等相关学科的专业教材，也可为从事该领域的设计师及爱好者提供理论与实践指导。

中国古代“丝绸之路”传播了华夏“衣冠王国”的美誉。今天，我们借用古代“丝绸之路”的历史符号，在“一带一路”倡议指引下，积极推动纺织服装产业做大做强，不断地满足人民日益增长的美好生活需要，同时向世界展示中国博大精深的文化和中国人民积极向上的精神面貌。因此，我们不断地探索、挖掘具有中国特色纺织服装文化和技术，虚心学习国际先进的时尚艺术设计，以期指导、服务我国纺织服装产业。

一本好的教科书，就是一所学校。本系列教材的每一位编者都有一个目的，就是给广大纺织服装时尚爱好者介绍先进思想、传授优秀技艺，以助其在纺织服装产品设计中大展才华。当然，由于编写时间仓促、编者水平有限，本系列教材可能存在不尽完善或偏颇之处，期待广大读者指正。

欢迎广大读者为时尚艺术贡献才智，再创辉煌!

任绘

鲁迅美术学院染织服装艺术设计学院院长

鲁美 · 文化国际服装学院院长

2021 年 12 月于鲁迅美术学院

前言

服装设计学科的发展，对绘画基础教学提出了新的要求，这一基础教学最终须适应专业需要，无论是教学内容还是教学方法都应与本专业相融合，从而找到最佳的契合点，达到由绘画基础训练向专业设计的过渡与衔接。

服饰色彩写生正是基于专业要求而设置的一门绘画基础课程，从功能和创意的角度强化了绘画基础训练与服饰设计的内在联系。如果说在服饰素描写生阶段，只是对服饰固有色与质感变化的简单表现，那么在服饰色彩写生阶段，素描与色彩之间的变化，不仅是在物质意义上的调换，而且在服饰形态上也更加丰富并接近生命本体了。服饰色彩写生是从传统色彩写生派生出来的一种写生形式，其中加入了一些专业化的要求，它既承载了传统的观察和表现方法，强调观察上的深刻性和整体画面上的设计性，又融入了新的绘画观念和表现形式，强化对视觉思维的认识和设计在先的创作理念。服饰色彩写生是将服饰及其相关的物品呈现出来，以结构、色彩、质地作为表现主体，且除了表现单体服饰色彩，还要表现服饰组合之间的色彩关系。服饰色彩写生训练从简单的服饰组合到复杂的服饰色彩的组合逐渐展开，且随着课题的不断深化，对服饰的款式、色彩和质感的剖析也将更加复杂。

为适应此专业的需求，本书分为 5 章：第 1 章服饰色彩写生概述，包括服饰色彩写生的概念、目的及内容；第 2 章色彩的基本理论，包括色彩写生的三大要素、色彩的属性及调性、色彩与素描；第 3 章服饰色彩写生的观察方法，包括服饰色彩的要素、服饰色彩的倾向、服饰色彩的本质、服饰色彩的协调；第 4 章写实性服饰色彩写生，包括绘画材料与工具、水粉画的表现方法、综合表现方法、服饰的质感表现及写实性服饰色彩写生的作画步骤；第 5 章是色彩归纳写生，包括色彩归纳写生概述、立体及平面归纳写生、色彩归纳写生的作画步骤。

本书的特点在于：为服饰设计专业提供一种新的绘画写生方式，针对专业绘画中存在的一些问题提供多种解决方法，表现内容和表现方法都具有本专业的特点。本书结合大量例证，帮助学生认识服饰色彩写生的诸多要素及表现方法，以便在实际写生过程中，谋求表现形式的创新和表现方法的多样；本书中的作品可在服饰色彩写生中作为参考和借鉴，用以帮助读者掌握服饰色彩写生的表现技巧，提高对服饰的表现能力。

服饰色彩写生是对服饰设计专业绘画基础训练教学的一种改革，无论教学体系还是教学方法都在教学实践中进行不断地探索和完善，以使绘画基础训练能够和专业设计产生更加紧密的联系。本书仍有探索与升华的空间，恳请广大读者对书中存在的问题给予批评指教，使本教材更加合理、完善。

书中大部分作品为学生课堂作业，个别图片为网络资料，仅供教学分析使用，版权归原作者所有，在此表示衷心感谢！

由于编著者水平有限，书中难免会有不足之处，敬请广大读者批评指正。我会在将来的教学过程中进一步调整和改进，使之更加合理与完善。

【资源索引】

2021 年 5 月于鲁迅美术学院

目录

CONTENTS

CHAPTER ONE

第1章 服饰色彩写生概述

第1章 服饰色彩写生概述

【本章引言】

服饰色彩写生是一个新的写生概念，是为适应设计学科的需要，融入一些新的绘画观念和表现形式，而从传统色彩写生派生出来的一种写生方式，也是针对服饰设计领域的一种绘画写生形式，在教学上具有较强的针对性。通过本章的学习，学生应对服饰色彩写生的目的及要求有一个明确的认识和理解。

1.1　服饰色彩写生的概念

服饰是和人体有关系的物品，呈现的形态与色彩千变万化，不仅是简单静止的物品，还包含人文的真情实感，虽然服饰是无生命的，但与人结合之后，在形态、色彩和质感方面又被赋予了与人一样的生机与活力。在世界绘画史上，许多画家都非常注重对服饰的表现，倾注了极大的热情去刻画服饰的形态及色彩，创作出许多精美的服饰造型，但对这些精美服饰的表现大多是从属于主题创作和人物造型的，而不是将其作为主体来呈现（图 1.1）。然而，

图 1.1　《加拉的玻林娜 · 埃莲诺尔》|［法国］安格尔，1853 年，大都会艺术博物馆

在服装设计领域，对服饰造型与色彩的研究却是首要的。如果说服饰素描写生阶段是对服饰固有色与质感变化的简单形态的表现，那么服饰色彩写生阶段素描与色彩之间的变化则更加丰富、更加接近于生命体了。服饰色彩写生是基于服装设计专业的需要而设置的，是从传统色彩写生派生出来的、具有针对性的一种写生方式，只是加入了一些专业化的要求。这种写生方式既承载了传统的一些观察方法和表现手法，又融入了新的绘画观念和表现形式。服饰色彩写生是将服饰及其相关的物品呈现出来的结构、色彩和质感作为表现的主体，写生中除了表现单体服饰色彩，还要表现服饰组合之间的色彩关系，是为服装设计专业提供基础训练的绘画形式。服饰色彩写生训练从简单的服饰组合到复杂的服饰色彩的组合逐渐展开，随着课题不断深化，对服饰的款式、色彩和质感的表现也将更加复杂。

1.2 服饰色彩写生的目的

现代设计教育改革下的教学内容和教学方法，都在寻求创新与发展，其中特别强调基础教学与专业设计的内在关联性。服饰色彩写生是为服装设计专业提供色彩基础造型训练而设置的基础课程，安排在“时装画技法”“创意时装画”等课程之前，目的在于使学生在学习专业设计之前，通过写生的方式来进行色彩训练，使学生了解和掌握服饰色彩写生的基本知识，提高学生对服饰色彩的感受能力、表现能力和审美能力；同时，要求学生既要具有表现自然光色中服饰色彩的变化的能力，也要具有对自然服饰色彩的归纳整合能力。在写生中，鼓励学生大胆突破传统的绘画观念和表现方法，拓展和发掘适合服装设计专业要求的表现语言和绘画形式。服饰色彩写生是从直观感受到理性分析的过程，也是从写实性表现过渡到装饰性表现的过程，这一过程既是从感性思维到理性思维的转换，也是绘画观念和创造思维方式的转变，这不仅能使学生掌握描绘服饰形态的写实能力，也能使学生进一步提高造型能力和装饰表现技法，并能主动探索具有本专业特点的表现形式，使绘画基础训练更好地同专业设计相结合。提高学生对服饰的表现能力及专业绘画素养，可以为后面专业课程的学习打下扎实的基础（图 1.2）。

图 1.2 《服饰》| 韩震，指导教师：山雪野、周宏蕊

1.3 服饰色彩写生的内容

对于服饰色彩写生对象的布置，通常选择服饰或与服饰相关的一些软体物品，如各种不同款式、不同质感的服装及配饰，还有不同造型、不同材质的玩具等。而课题的设置则按照由浅入深的感知顺序，循序渐进地进行，既有单体服饰，也有组合服饰，随着教师对课题的不断讲解、演示及辅导等教学手段的开展，当学生的造型能力有一定的提高之后，可选择一些难度较大的服饰进行表现。服饰写生以准确表达服饰为第一要素，人物形象不

再是主体，因此可弱化处理。而对服装饰品的选择就要考虑其典型性、时尚性和趣味性，但是由于学生学习时间长短不同，对服饰的理解程度不同，个人的接受能力也不一样，所以服饰布置应尽可能多样化，让学生有多种选择，以提高其学习兴趣。在服饰色彩写生时，服饰被穿着在人台和头模上，有的物品也会以静物的形式摆放，既不受光线变化的影响，也不受时间长短的限制，便于深入、仔细地观察和研究多种技法的表现。这对锻炼学生的观察能力、造型能力，以及熟悉各种工具材料的性能等，都有很大帮助，也是研究并表现不同服饰的质感，认识服饰色彩的光色变化关系的重要途径。服饰的组合既要体现审美，也要考虑色彩的协调统一、疏密节奏、款式特征、质感形态及空间的深度等因素。图 1.3 所示为单体单色的礼服，其材质也是统一的；而图 1.4 所示则为组合服饰，其造型、材质、色彩各有不同，这就需要对整体色调有一个统一的把握。

图 1.3 《单体单色的礼服》| 学生作品

图 1.4 《组合服饰》| 学生作品

【思考与实践】

1. 你是如何理解转变传统绘画观念与专业设计之间关系的?
2. 你认为应该如何探索具有本专业特点的绘画形式?

CHAPTER TWO

第 2 章 色彩的基本理论

第2章 色彩的基本理论

【本章引言】

色彩理论知识既是色彩写生的基础，也是提高绘画能力的前提。本章从色彩理论知识展开，结合图例详细阐述色彩写生中的诸多问题，从而使学生在服饰色彩写生中有规律可循，不断提高对服饰色彩的感受能力及表现能力。

2.1　色彩写生的三大要素

色彩写生的三大要素是固有色、光源色和环境色。写生画面上的一切色彩都是根据这 3 个要素得来的。不论是画人物、动物，还是服饰，都不要孤立地看对象，而要结合外界对它的影响来看，例如，要看是什么光线照在它的上面，它的环境色是什么。经过整体观察和局部比较，就可清晰地认识到这些复杂而微妙的色彩是怎样产生的。下面分别解释一下这 3 个色彩要素。

2.1.1　固有色

固有色是指物质本身具有的颜色，如白衣服的固有色是白色。固有色的颜色是指物质在白光下所呈现的颜色。一切物质的颜色都是在光的作用下产生的视觉感受，是不同质感的物质对光的吸收与反射现象。也就是说，固有色是物质在特定条件下所呈现的本色，这种色彩是该物质所固有的。如图 2.1 所示的蓝色头饰是在自然光线下呈现的固有色。

图 2.1 《蓝色头饰》| 金茜茜，指导教师：山雪野、周宏蕊

2.1.2 光源色

光源色的强弱和冷暖的改变，直接影响物体色彩的倾向和物体色彩冷暖对立的状况（图 2.2）。因此，我们要注意把握物体色彩冷暖倾向的一致性，我们要描绘的并非光的本身，而是着力研究处在光的条件下，不断变化着的自然界中一切物体色彩的性质及其变化规律，摆正光、物体、视觉三者的关系。这也是我们研究光的目的。

图 2.2 布面油画《斯卡晏海滩的夏夜：艺术家夫妇》| [挪威] 彼得 · 西维林 · 克多耶，1899 年

2.1.3　环境色

环境色是指物体受环境色光的影响而产生的颜色，有时也称条件色。强烈的环境色光会使固有色解体，并会对整体空间的色调产生很大的影响，形成强烈的整体色彩氛围。图 2.3 是法国印象派画家莫奈的作品《持伞的卡蜜儿》，此画是表现色光和空气的典范。画面中穿着白裙子的女孩在草地上行走，裙摆上显示出草地的绿色倾向，白色衣服上的蓝色则为衣服所呈现的天空的色光，其中环境色为绿色光和蓝色光。在实际生活中，人的视觉所接触的是具体物象和色彩，物体处在特定光线下呈现它的明暗和冷暖倾向，处在特定的空间位置里与观者的眼睛保持一定的距离和角度；处在特定的环境（其他物体）中而受其色彩的影响，这就是具体色彩所必须具备的条件，也称为条件色。人们对任何具体物象色彩的观察，都会受到许多客观条件的制约，但人们凭着生活的经验都能够，而且又必须克服许多变化中的条件，只有这样才能很快把握具体物象的本色（固有色）而抛弃物象表面的东西。然而，作为一名绘画艺术工作者必须对一般人在观察中所抛弃的东西有一个规律性的、深刻的了解，以便从中进行选择、提炼和加工，以求达到艺术地、真实地再现对象。

图 2.3　《持伞的卡蜜儿》| [法国] 莫奈，1875 年

2.2 色彩的属性

色彩的属性是指色彩具有的色相、明度和纯度这 3 种属性（图 2.4），是界定色彩感官识别的基础。

2.2.1 色相

色相即色彩的相貌名称，例如红色、绿色、蓝色等称谓。色相是色彩的首要特征，是区别不同色彩最准确的标准。除黑、白、灰外的其他颜色都有色相属性。

色相最基本的代表色是红、黄、绿、青、紫 5 种，这 5 种颜色在人们的重量和心理方面有明确的特征，色相的心理反应特征是暖色或冷色，色相之间的关系可以用色相环表示。

色相环是指一种圆形排列的色相光谱，色彩是按照光谱在自然中出现的顺序来排列的。暖色位于包含红色和黄色的半圆之内，冷色则在包含绿色和紫色的那个半圆内。互补色出现在彼此相对的位置上。图 2.5 所示为色彩的十二色相环。

图 2.4 色彩的 3 种属性

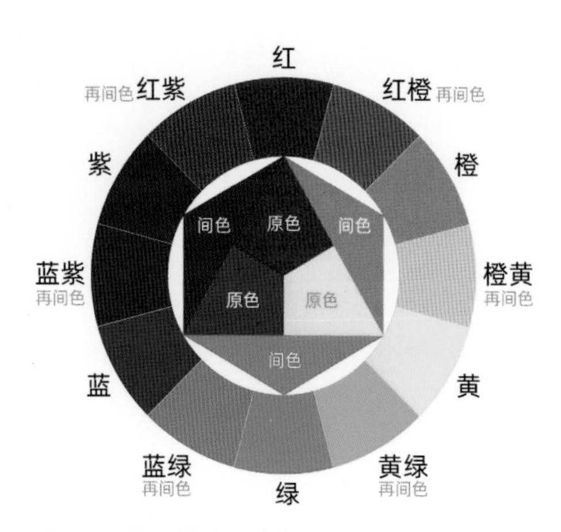

图 2.5 色彩的十二色相环

2.2.2　明度

色彩明度又称色彩的亮度。不同颜色会有明暗的差异，相同颜色也有明暗深浅的变化。比如，深黄、中黄、淡黄、柠檬黄等黄颜色在明度上就不一样，血红、深红、玫瑰红、大红、朱红、橘红等红颜色在亮度上也不尽相同。这些颜色在明暗、深浅上的不同变化，也就是色彩的又一重要特征——明度变化（图 2.6）。

色彩的明度变化有多种情况：一是不同种类颜色之间的明度变化，比如，在未调配过的颜色中白色明度最高、黄色比橙色亮、橙色比红色亮、天蓝色比藏蓝色亮、红色比黑色亮；二是在某种颜色中加入白色，明度就会逐渐提高，加入黑色，明度就会逐渐降低，同时它们的饱和度就会降低（图 2.7）；三是相同的颜色，因光线照射的强弱不同，也会产生不同的明暗变化。

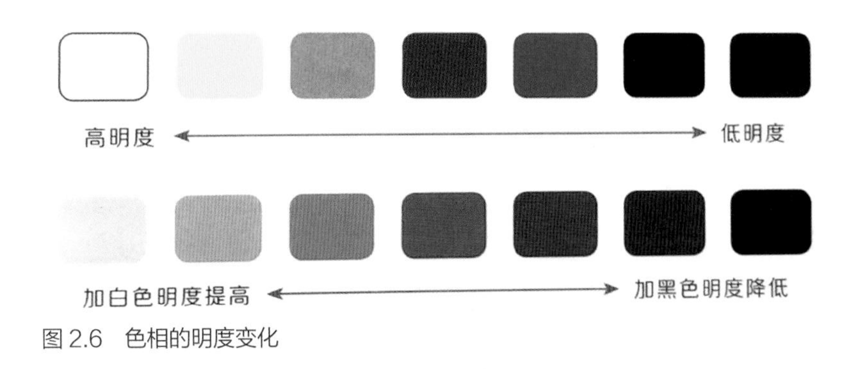

图 2.6　色相的明度变化

图 2.7　加白、加黑明度的变化

2.2.3 纯度

纯度是指色彩的纯净程度，它表示颜色中所含有色成分的比例。含有色成分的比例越大，则色彩的纯度越高；含有色成分的比例越小，则色彩的纯度也越低。可见光谱的各种单色光是最纯的颜色，为极限纯度。当白色加入一种颜色时，纯度就产生变化。当加入的颜色占到很大的比例时，在眼睛看来，原来的颜色将失去本来的光彩，而变成无限接近于0纯度了，也就是灰阶图像了。色彩纯度的变化如图2.8所示。

图2.8 色彩纯度的变化

2.2.4 冷暖

色彩除了具有色相、明度和纯度3种属性，还具有冷暖的属性。在色相中色彩被分为两大系统：暖色系和冷色系（图2.9）。视觉上的冷暖是将色彩的感觉与温度的感觉相对应所形成的，比如，灰色与咖啡色相比（图2.10），则灰色偏冷；灰色与蓝色相比，则灰色偏暖（图2.11）。

对于冷暖对比来说，只要并置就有差别，任何一组色彩在对比中，都会产生冷暖差别，都会带有一种冷暖倾向。

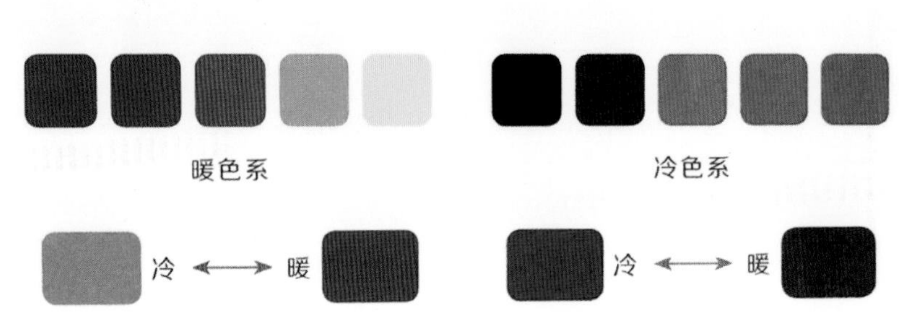

图2.9 暖色系和冷色系

图 2.10　灰色与咖啡色的对比

图 2.11　灰色与蓝色的对比

2.2.5　暖色与冷色

暖色与冷色源于生活，因为红色的火、血是热的，所以红色给人以暖的感觉。又因为阳光和有些灯光是橘黄色或近于橘黄色，所以给人的感觉也是暖的。因为蓝色的海水、天空是冷的，所以蓝色给人以冷的感觉。因为绿色是中间色，而蓝色多黄色少则偏冷色，给人冷的感觉，所以冷色是指蓝色和近于蓝色的色彩。暖色是指红色、橘黄色和近似于红色和橘黄色的色彩。暖色和冷色不是绝对的，而是相对的，在暖色系中也有偏冷色。例如，橘红色偏暖，土红色偏冷，大红色偏暖，紫红色偏冷，中黄色偏暖，柠檬黄色、土黄色偏冷等（图 2.12）。

图 2.12　相近色对比

在冷色系中也有偏暖色，例如，普蓝色偏冷，群青色偏暖，翠绿色偏冷，草绿色偏暖，白色、黑色、灰色介于中性，加暖色就偏暖，加冷色就偏冷。补色（色相环中 180° 角的一组色彩）之间的对比最为强烈，也最难协调（图 2.13）。

图 2.13　补色对比

在画面上区别冷暖色，不仅有助于把握色彩情调和色彩表情，还有助于表现时间与空间。如果只从素描的深浅关系看色彩，缺少对色彩的认识和比较，就容易造成无法区别冷暖色。辨别色彩的最好方法就是比较，如果把相同的色彩进行比较，就能区别它们的不同，比如将一种灰色衬托在不同的背景下进行对比，就会产生明度及冷暖的不同变化（图 2.14）。

图 2.14　同色对比

2.3　色彩的调性

调性是指画面物象色彩的基本倾向，是画面色彩均衡和对比的集中体现，具有强烈的感情色彩，是画面诗化的节奏与灵魂。

调性是画面色彩整体的面貌，即画面大的色彩基调。它是画面醒目的第一印象，并明确地传递出某种情感和气氛（图 2.15）。

色彩的冷暖感觉是相对的，除橙色与蓝色是色彩冷暖的两个极端外，其他色彩的冷暖感觉都是相对存在的。

调性是人们对色彩结构的总体印象，包括对明度基调、色彩基调和色彩节律的认识。处理好色彩关系的第一步是要处理好黑、白、灰关系，因为色彩是不能脱离明度的深浅而单独存在的。明度的基调包括高调、中调、低调。

整体明度偏亮的画面为高调，如法国画家海伦·皮肖特的作品《坐在扶手椅子上的女人》（图 2.16）；整体明度偏暗的画面为低调，如美国画家德博拉·戴奇勒的作品《餐具柜》（图 2.17）；介于两者之间的则为中调。

图 2.15　《肖像》|［美国］约翰·辛格·萨金特

图 2.16　《坐在扶手椅子上的女人》|［法国］海伦·皮肖特

图 2.17 《餐具柜》| [美国] 德博拉 · 戴奇勒

色彩的明度基调根据黑白对比的强度，可分为长调、中调、短调。黑白对比强，为长调；黑白对比弱，为短调；介于两者之间的为中调。

下面介绍常用的 6 种明度基调（图 2.18）。

（1）高长调。主色调为高明度，只有一小块色调为深对比色，整体画面对比强烈，给人积极，明快之感，如图 2.18（a）所示。

（2）高中调。亮色调中明度对比，色彩明朗、清晰、活泼，如图 2.18（b）所示。

（3）高短调。亮色调偏弱明度对比，色彩明亮、轻柔，如图 2.18（c）所示。

（4）中短调。灰调统治画面，对比弱、效果模糊、深奥，如图 2.18（d）所示。

（5）低长调。暗色调结合强明度对比，色彩厚重、对比强，给人强烈的视觉冲击力，如图 2.18（e）所示。

（6）低短调。暗色与弱对比的结合，色彩神秘、模糊、沉闷，给人压力感，如图 2.18（f）所示。

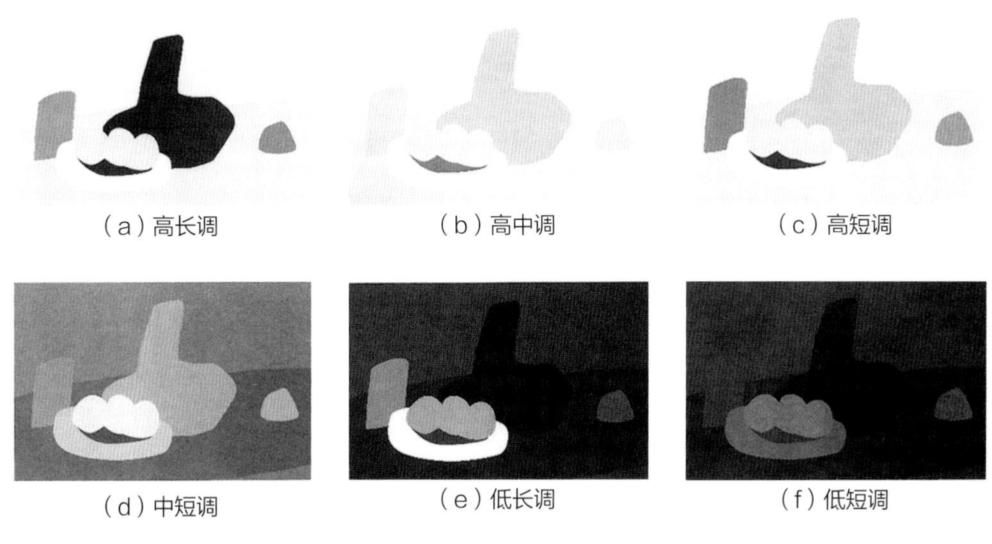

图 2.18　6 种明度基调

明度调子的高低、长短，根据画家的性格或根据画面主题的倾向而定，不同的明度代表着不同的情绪特征，熟练掌握明度基调的特点，会使画面明快而有序，可以准确地传达自己的情感。例如，英国画家艾伯特・约瑟夫・穆尔的作品《哈格布腾》，画面色调明快、雅致，传达了一种闲适、温馨的意境（图 2.19）；法国画家莫尼斯・德尼的作品《埃马斯的朝圣者》，黑色与红色主宰了整个画面，众多的竖线构成，让人感受到了宗教般的肃穆与宁静（图 2.20）。

图 2.19　布面油画《哈格布腾》|［英国］艾伯特・约瑟夫・穆尔，1884 年

图 2.20 布面油画《埃马斯的朝圣者》| [法国] 莫尼斯 · 德尼，1895 年

2.4 色彩与素描

2.4.1 色彩与明暗

色彩的精华在于颜色与形体的结合，后期的塑造与刻画很难脱离素描关系去进行，因此处理素描关系有利于色彩的深入。认为形比色更重要、更高贵，是一种传统偏见。素描依靠对形体和明暗层次的理解，以及在此基础上的深浅调子的过渡，形成整体画面中各个局部的互相依托。在色彩中，形的精确性表现为大系统和小系统的色彩冷暖的对比和呼应，以及微妙的色彩差异和衔接（图 2.21）。对于色彩的冷暖关系和素描的明暗处理，我们应该把它们作为各具特点的表现手段加以灵活运用。例如，强调了素描关系上的明暗效果，相对地减弱色彩的冷暖差异，可以造成色彩的单纯和质朴，但如果把握不好就容易使色彩生涩。反之，强调了色彩的效果，则可以强化形体的准确性，但要防止脱离条件色的可能和越过固有色（图 2.22）。

图 2.21　彩色粉笔画《白色静物》| [美国] 简 · 伦德

图 2.22 《有石膏像的静物》| 姜红，指导教师：山雪野

色彩与素描的关系与光的变化有关，如下所述。

1. 强光的物体

强光具有方向性，会使物体色彩变淡，光线反差很大，既会形成大部分明亮的高调，也会形成清晰的投影，这时就必须细心分析色彩微妙的冷暖关系，并分析接近高光部分的浅灰色，否则如果不注意分析高光的区别而只知道加白色（其中有冷暖），那么色彩感就消失了，强光的感觉也就没有了。一般情况下，应尽可能独立表现最暗的部位，使它们局限在最小的范围；而以比较接近的明度画出丰富的色彩层次，也就是灰面部分的色调，这里灰色不可理解为灰暗，而应理解为一个一个明度互相接近的响亮色阶（图 2.23）。

图 2.23　彩色粉笔画《蓝色和金色的静物》|［美国］比尔·詹姆斯

2. 逆光的物体

逆光是指光线从物体后面照射过来，物体大部分处在暗部之中。由于逆光明暗对比强烈，逆光下的物体很容易画得较暗或者单调，层次不够分明。因此，在表现逆光时除了要注意明部与暗部、光与影的大的明度对比，还要注意明暗色彩的冷暖对比，分辨出物体色彩的微妙差别，增加画面的层次感，塑造出物象的立体感、空间感及质感，营造一种独特的视觉效果和画面氛围（图 2.24）。

图 2.24 布面油画《水波轻拍》| [瑞典] 安德斯 · 佐恩，1887 年

3. 顺光的物体

在顺光下，物体的固有色呈现出不同程度的明度，可以更好地展现物体的细节与特征。这些固有色有的比背景亮，有的则比背景暗，这时就要注意观察存在各种色彩个性中的共性，并仔细分析出它的明度，强调受光与暗部的色彩对立，用暗部色彩统一整体（图 2.25）。

图 2.25　布面油画《霍比珍品》| [美国] 乔尼 · 福尔克

2.4.2　色彩与体积

在服饰色彩写生时，往往容易平面地去观察服饰而忽视它的体积感。在表现主体的服饰时，若要表现出服饰的体积感和空间感，至少需要区分出受光面、背光面、中间面。

由于组合服饰中的每件服饰之间、服饰与背景之间的距离不像风景写生中那样大，如果在写生时不分主次，就会使画面平淡而缺乏节奏感。因此，应通过比较和分析，找出前面服饰与背景之间的虚实关系，可有意识地加强前景和主体物品，减弱背景和次要物品（图 2.26）。

在一定光线下，无论其位置和结构如何，都可分为明部（受光面）、灰面（中间面）和暗部（背光面）。如果是复杂的形体，这 3 部分会呈现比较复杂的状态。

1. 明部

明部受光强，基本上呈现光源色的冷暖倾向，但在强光下服饰因受固有色反射光的影响，裙子的不同部位会呈现出微妙变化，如图 2.27 所示。

图 2.26　《组合静物》| 张馨子，指导教师：山雪野

图 2.27　《礼服》| 韩震，指导教师：山雪野、周宏蕊

2. 灰面

照射到灰面的光线较柔和，物体的固有色得到了充分的发挥。此时应注意色彩并置的影响，把固有色的差别统一在冷暖对立的大系统之中，一些小的差别都应服从这一主要差别，防止刺眼的色彩跳出来破坏了整体。图 2.28 所示为奥地利画家古斯塔夫・克里姆特的作品《索尼亚・尼普斯像》，既表现出受光面的细节，又突出了整体画面的明暗关系。这幅作品既具有象征主义绘画的哲理性，又具有东方绘画的装饰韵味。

3. 暗部

暗部色彩也要有明确的色彩倾向，不能画成黑乎乎的一片。暗部色彩为明部色彩的对立面，其色彩倾向主要受环境色的影响。这里所说的环境色，除了环境强烈的大色块，还包括间接的光源色，因此常常呈现与明部色彩相反的色调。如果以素描色彩关系来讲，不管是什么光影关系、什么方向，首先整体画面要统一，所以画出环境色的影响是非常重要的。图 2.29 所示的这幅作品，就是充分利用了暗部色彩的处理，使整体画面中各部分的色彩互相呼应，用暗部的色彩统一了整体画面。这也体现了物体明暗和冷暖的辩证关系，优秀的画家从来不会忽视对暗部色彩的处理。

图 2.28 《索尼亚・尼普斯像》|［奥地利］古斯塔夫・克里姆特

图 2.29 《缝纫女工》|［法国］卡米耶・毕沙罗

2.4.3 色彩与空间

同一种色彩，在不同的空间距离上，会给人以不同的感觉。因此，色彩会随着空间层次的推移而发生变化，由于空间层次的不同，每种颜色的冷暖变化会很大。

（1）如果人的视觉在大范围的空间距离内，物体离我们越近，则越可看清物体的形象和色彩特征，色彩的透视变化越小，色彩的明度、纯度、冷暖度越高，明暗对比、冷暖对比越强；如果超越一定空间距离限度，物体离我们越远，物体形象和色彩特征都随之减弱，物体形象及色彩特征则变得模糊不清，色彩的透视变化也越大，色彩的色相、明度、纯度越低，明暗对比、冷暖对比越弱。近处物体的色调比远处物体的色调偏暖。只有掌握色彩空间透视变化规律，才能表现出深远的空间感（图 2.30）。

图 2.30 木板油画《可爱的羔羊》| [英国] 福特 · 马多克斯 · 布朗，1851 年

（2）在较小视觉范围内，色彩空间透视变化不大，但绘画时为了更好地营造色彩空间气氛，加强画面的空间深度，增强色彩的空间层次，可利用和强化这些色彩透视规律。例如，一个物体的颜色倾向于暖色，距离越近越偏暖，距离越远越偏冷、偏冷灰；相反，一个物体的颜色倾向于冷色，距离越近越偏冷，距离越远越偏暖、偏暖灰（图 2.31）。

图 2.31 《玩具熊静物》| 付濡菲，指导教师：山雪野、周宏蕊

（3）物体越接近于视觉中心，其形象和色彩视觉效果就越强，色彩的明度、纯度和冷暖对比也越强；反之，则越弱。画家可利用色彩空间透视的基本规律，在绘画实践中利用这些因素来强化主题，加强画面视觉效果，使画面更充实且突出重点（图 2.32）。

图 2.32　布面油画《露天》|［西班牙］拉蒙 · 卡萨斯

要正确利用色彩在空间中的变化，受光和反光是冷暖性质对立的色光。在明部反光越亮则越冷，反光越暗则越暖；在暗部反光越强则越暖，反光越弱则越冷。前者是在倾向于冷的色调上的冷暖，后者则是在倾向于暖的色调上的冷暖，在明暗交接处形成两种性质不同的冷暖色彩交错。

色彩的空间处理：一是要考虑到形的结构在空间中形成的虚实关系（图 2.33）；二是利用物体的前后组合及重叠关系，突出画面的空间纵深感（图 2.34）；三是利用色彩的冷暖透视关系，掌握暖色向前和冷色退后的色彩透视原理（图 2.35）。

图2.33 《组合静物》| 学生作品，指导教师：山雪野、刘蓬

图2.34 《组合静物》| 学生作品，指导教师：山雪野、刘蓬

图 2.35　《鞋子》| 黄田雨，指导教师：山雪野

【思考与实践】

1. 怎样理解客观色彩（直观感受）与主观色彩（深刻理解）的关系？
2. 完成暖色调、冷色调及各种对比色调的练习（小色稿：16 开纸）。

CHAPTER THREE

第 3 章
服饰色彩写生的观察方法

第3章 服饰色彩写生的观察方法

【本章引言】

学会观察，是服饰色彩写生表现的前提。感觉和感受是色彩认识的基础，但感觉需要提高，需要加以训练，这样才能达到主观、客观的高度统一。如果一个与色彩无缘的人，就算你指给他看，无论如何也看不出来白墙上确有微妙的冷暖色彩在颤动；反之，在明显可见的杂色中，没有训练的眼睛则看不出它们的一致倾向。我认为，一个人的认识需要有一个实践的过程，为了深刻感觉到它（对象），必须去理解它。服饰色彩写生的实践始于观察，只有通过多次观察和比较，认识才能真正得到提高。

3.1 服饰色彩的要素

在作画之前，要先观察和研究服饰的整体关系，即服饰的款式、色彩、面料这 3 个要素特征，从而找出它们的变化规律和外形上的差异，以便确定用哪些技法、哪些材料去表现，效果才会更佳。注意观察各种不同服饰面料的质感和色彩搭配，并仔细地进行分析和研究。

对所观察的服饰的面料有一个大致的感受，也就是说，要判断面料的材质是比较坚挺的，还是比较轻薄柔和的；是比较光滑坚硬的，还是比较厚重粗糙的。然后，对其特定的服饰色彩和材质进行更细致的观察和研究，如绸缎、皮革（图 3.1）等光滑的服饰，由于反光强，高光明显，固有色受外界色彩影响较大，必须把周围的色彩明度压低，才能表现出其色彩感和质感。

图 3.1 《凡尔赛印象》| 刘思如，指导教师：惠淑琴

因此，不能把光滑物体受光面的色彩（即使是白色的）画得太淡、太浅，应准确地描绘出明度和高光的关系。对于棉麻织物、粗呢等表面粗糙的面料，色彩明度对比柔和，固有色受外界影响小，是比较容易把握的。这类服饰的质感很重要，只有仔细观察，才能发现微妙的色彩变化和质感特征。

在写生过程中，对服饰组合静物的观察，要看大的色块对比、大的明暗关系、大的冷暖对比关系，这些对比关系中各自对立面中必定有一个起主导作用的方面。应思考：是由什么样的色彩衬托下的大色块？是明部为主，还是暗部为主，还是明暗各半？是什么样的明暗对比关系？是什么样的冷暖关系？我们在观察服饰组合静物时，要从解决这几方面的问题入手。比较单一的色彩、主次分明的头饰和色彩倾向一致的头饰，它的整体色调都比较容易把握。对于较大的服饰组合静物，服饰的固有色复杂，主次关系不是很清晰，在这种情况下，我们应从大处着眼，通过分析，抓住决定性的一个方面解决问题。不但要分清主次关系，还要抓住大的明暗关系，处理好不同的固有色在明部和暗部对立中各自冷暖倾向的一致性（图 3.2）。

图 3.2　服饰静物组合实物照片

3.2 服饰色彩的倾向

在服饰色彩写生中，除了观察服饰固有色的搭配组合，还要注意研究服饰色彩受光源色和环境色的客观影响。所谓观察色彩，就是观察色彩的构成关系，客观上不存在孤立的色彩，一切色彩都按照一定的关系组成对立的统一体。色彩差异都是针对其冷暖倾向而言的，色彩的绝对差别只存在于相对关系中。

在观察色彩时，用联系和比较的方法才能分辨出色彩的协调与差别，联系就是找一致性、找差别，把相同的东西加以比较就找到了差别，把不同的东西加以联系，就找到了一致性。客观存在的色彩既有联系又有区别，不进行比较就显现不出差别，如果不联系起来加以比较就无法区别、无法确定，更无法理解它们为何对立、为何统一。那么对立的色彩怎样才能统一呢？补色（如红色和绿色）是极端对立的色彩，虽然它们同处在一个空间，分别显示红色和绿色，但当它们都处在同一个冷光源色的照射下时，就会使原来对立的色彩产生统一的因素。可是，同样都处于背光环境下的倾向于暖色调的红色和绿色，为什么又可以区分出更暖或较冷的差别呢？这说明即使在同一个环境、同一种光源条件下，也应该进行联系和比较、分析和理解，否则就很难对客观色彩进行辨别和确定。

因此，联系和比较的观察方法就是帮助我们养成分析的习惯，以点带面，既要考虑它们的一致性，又要看到它们的差异性。对色彩差别明显的对象与色彩差别含蓄、微妙的对象而言，前者易于区别，难在统一；而后者易于统一，难在区别。如果精通此理，则反其道而行之，在易于区别的色彩对象面前多加联系，尤其要注意统一；在易于统一的色彩对象面前，则要加以比较尤其要注意区别。也就是说，越是简单的对象，越要看得复杂些，而越是复杂的对象，则越要看得单纯些，重点在于体会其中的辩证关系。这也是我们准确观察色彩、处理服饰色调协调统一的法则（图 3.3 至图 3.5）。

图 3.3 《组合服饰》| 学生作品，指导教师：山雪野、周宏蕊

图 3.4 《头饰》(一) | 高颖婕，指导教师：山雪野、周宏蕊

图 3.5 《头饰》(二) | 杜雨婷，指导教师：山雪野、周宏蕊

3.3 服饰色彩的本质

服饰色彩的本质是固有色。如何提炼确定服饰色彩的本质并与整体色调相统一呢？提炼及取舍是观察色彩过程中必备的一种能力，是主、客观高度的结合。由于现象（色彩现象在内）并不一定反映事物的本质，一切色彩的配合，并不都是完美的，一切色彩的组成部分并不都是为突出主体所必需的。因此，在观察色彩过程中进行提炼及取舍是必不可少的。什么是对象的色彩？整体关系的本质是什么？用什么样的标准进行取舍，这些问题用一句话来回答，那就是形式（色彩）服从内容。

如果从绘画的角度来具体讲色彩本质现象，其中的因素是多方面的，因此我们也应从多方面来理解这个问题。

（1）如果色彩离不开物体的空间造型，那么凡是能够真实地反映物体造型的色彩关系就是本质的色彩。

（2）如果一切可视的色彩都是相对的和有条件的，其中存在固有色的绝对区别，那么凡是能充分地反映固有色的色彩关系就是本质的色彩。

（3）如果所谓色彩关系，最主要的就是对立与统一关系，那么凡是从属于主要的对立与统一关系的色彩也都是本质的。

（4）色彩除了反映一定的形、一定的固有色，还有色彩自身配合的美，这种美的色彩配合就是色彩的本质。

在服饰色彩写生中，非常强调个人的主观色调和色彩关系，这种强调主观喜爱的色彩关系就是本质的色彩。所有这些都是对色彩本质意义的不同理解，如果仅仅就形式和色彩而言，那么从任何一方面去要求色彩都是合理的。在世界绘画史上的确曾有过按着某一方面的要求来看待色彩（本质意义）的先例。例如，欧洲中世纪及文艺复兴时期的一些壁画，就是单纯按着固有色的角度去看待色彩的，如图 3.6、图 3.7 所示。

图 3.6 《金门相会》| [意大利] 乔托

图 3.7 《基督一家》| [意大利] 米开朗基罗

图 3.8 《日本桥》| [法国] 莫奈

法国印象派的一些画家就是从条件色变化的角度出发来看待色彩本质的，如印象派画家莫奈和修拉等人就是这样的（图 3.8、图 3.9）；也有的画家陶醉色彩自身变化的本质，19 世纪末期的“唯美主义”画家就是如此。

对于色彩的本质，还有的画家单从色彩能准确表现形的角度出发来看待色彩，法国古典主义学院派画家安格尔就是如此（图 3.10）。

图 3.9 《大碗岛的星期日午后》| [法国] 修拉

图 3.10 《路易斯 · 奥松维尔伯爵夫人》
[法国] 安格尔，1845 年

3.4 服饰色彩的协调

服饰色彩的整体关系，指的就是服饰对象的总色调。总色调就是对象所体现的特定的冷暖对立统一的关系，也是一幅画与另一幅画色调的区别。要注意服饰之间色彩的相互影响和画面色调的统一协调。服饰写生通常都选择色彩比较鲜明的物体，固有色比较容易辨别，然而服饰之间由于距离近而产生的相互色彩影响，以及周围环境色彩的影响则容易被忽视。因此，在描绘每一款服饰时，都必须和周围环境及邻近服饰的色彩联系起来去观察，分析它们相互之间的影响所导致的微妙的色彩变化，同时还要注意个别服饰色彩和整个画面色调的统一协调（图 3.11）。

图 3.11 《头饰》| 周星尧，指导教师：山雪野、刘蓬

在服饰写生中可适当强调固有色，并提高色彩的明度。总的色调一经确立，一切局部的色彩和小的色彩变化都要服从整体需要，并以定下来的大的关系为准来确立小的关系，切忌孤立地以局部与局部之间的色彩进行绝对的对比，以求处处“真实”。一幅好的作品在色彩上总是以其整体色调吸引人，而不是以某个局部的色彩去感染人、打动人。

对服饰色彩的观察有两种方式。一是对单体服饰的整体观察，有时单体服饰本身的材质和色彩比较统一，这样就比较容易分辨出服饰的整体印象，对服饰面料的质地及色彩的色相、明度、纯度比较好把握，表现上更需要概括。二是对组合服饰的观察，怎样将不同的服饰组合变成统一和谐的画面，这就对观察方法提出了更高的要求，怎样摒弃观察上长期形成的错误观念，如观察笼统，似是而非；观察缺乏整体观念，杂乱无章。事实上，大多情况下都是对组合服饰缺少整体的认识。在组合服饰当中，只要仔细观察就能看到它们的差异性和一致性，所以局部观察要仔细，总体观察要概括。

是否具备和谐的、完整的色调关系，是一幅优秀作品的关键所在，也是判断作画者是被动地盲目抄袭对象的表面真实，还是主动地透过规律性的东西表现对象的关键。只有加深对整体的认识，并掌握整体的观察方法，作品才能达到源于生活而高于生活的艺术水平（图 3.12、图 3.13）。

图 3.12 《手提袋与鞋》| 刘芙玲，指导教师：山雪野

图 3.13　《服饰静物》| 刘弘毅，指导教师：山雪野、刘蓬

【思考与实践】

1. 如何通过观察将服饰特征的相似性及相关性做出区别和判断？
2. 怎样将观察得来的素材在实际写生中进行提炼与取舍？

CHAPTER FOUR

第 4 章
写实性服饰色彩写生

4.1　绘画材料与工具
4.2　水粉画的表现方法
4.3　综合表现方法
4.4　服饰的质感表现
4.5　写实性服饰色彩写生的作画步骤

第4章 写实性服饰色彩写生

【本章引言】

服饰色彩写生所用的绘画工具和材料非常广泛，不再局限于传统的绘画工具和材料，随着绘画观念和表现形式的创新，在绘画工具及材料的应用上也需多做尝试与创新，结合多种表现技法，探索新的具有个性特征的表现形式，提高对服饰的表现能力。

4.1　绘画材料与工具

4.1.1　纸张

服饰色彩写生可用的绘画纸张种类较多，纸张的选择是根据你想表现的服饰效果，以及你所采用的绘画工具和表现技法来决定的。

在写生前要对纸张的效果进行试验，不同纸张与不同绘画工具相结合，有时会产生意想不到的效果。绘画观念的转变和表现形式的创新，都是值得鼓励的。

1. 水粉纸

水粉纸（图 4.1）是色彩写生最常用的纸张，分粗纹和细纹，有薄厚的差别。这种纸的吸水性适中，正面有凹凸的纹理，为的是能够与厚实的水粉颜料结合得更加紧密，同时还可以增加画面的肌理效果。因其品牌众多，这里不一一介绍，根据需要选择即可。选择水粉纸时应注意以下几点。

（1）水粉纸要厚实，太薄的纸都不容易作画，遇水后会鼓起来。

（2）要选择吸水性适中的水粉纸，吸水性过大，色彩易灰，专业画材店出售的水粉纸都比较好用。

（3）一般不选择太光滑的水粉纸。如果是薄画法，最好选择低酸性的水粉纸，因为酸性是让纸变黄的主要原因。

2. 素描纸

素描纸（图 4.2）的吸水性较强，正面有微小的颗粒纹理。用水性颜料在素描纸上作画时，容易使画面凹凸不平，因此，作画之前一定要将纸裱在画板上。

图 4.1　水粉纸

图 4.2　素描纸

3. 水彩纸

水彩纸（图 4.3）的吸水性较弱，纸面纤维强韧，纹理分为细纹、中纹和粗纹，各种表面肌理效果不尽相同；水彩纸也有薄厚、木浆和棉浆之分，其中木浆纸价格较低，手工制作的水彩纸价格十分昂贵。

4. 色粉纸

色粉纸（图 4.4）是一种经特殊工艺热压而成的、带有颜色的绘画用纸，其表面涂层十分坚固，因此纸张不易褪色。色粉纸表面有均匀凹凸的纹理，可吸附细小的色粉颗粒，作画时可利用色粉纸本身的颜色来作为画面的基调。

图 4.3 水彩纸

图 4.4 色粉纸

5. 卡纸

卡纸是一种用化学制浆方法制造的坚挺厚实的纸，卡纸的特征是质地光洁、挺括度好，但吸水性差。白卡纸是最常见的卡纸，也有灰色、黑色等不同颜色的卡纸（图 4.5）。卡纸通常在画归纳写生时使用较多。

图 4.5 不同颜色的卡纸

4.1.2　裱纸

在作画过程中，由于颜料中含有水分，使纸纤维变得膨胀，干燥后，画面会凹凸不平，影响绘画效果，所以在作画之前，最好将纸裱在画板上，使画纸平整牢固。

裱纸步骤（图 4.6）如下。

（1）将画纸的背面用板刷或海绵迅速地把纸刷湿，注意要刷均匀，如图 4.6（a）所示。

（2）将纸翻过来在画板上放平，如图 4.6（b）所示。

（3）用宽的水胶带将纸的四周封平，用少许水将纸的正面打湿，纸的中间要比四周多打一些水，如图 4.6（c）所示。

（4）将画板平放置于阴凉处，避免阳光直接照射，晾干后即可使用，如图 4.6（d）所示。

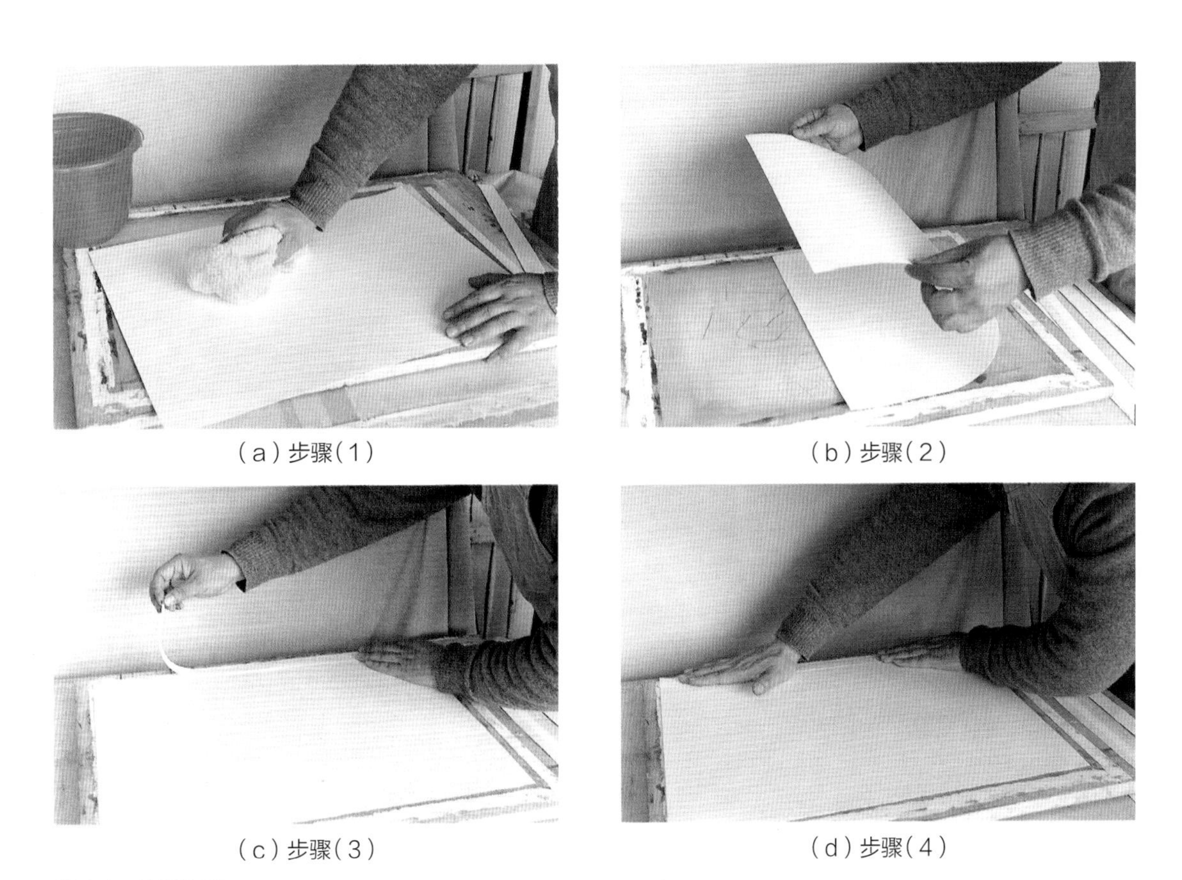

（a）步骤（1）　（b）步骤（2）

（c）步骤（3）　（d）步骤（4）

图 4.6　裱纸步骤

4.1.3　画笔

画笔主要指油画笔、水粉画笔、水彩画笔等，一般采用动物粗毛或精致纤维制作而成，大小不一，品种较多。专业画材店出售的各种画笔，大部分都很好用，可根据个人喜好和需要去选择。在服饰色彩写生中，可选用画国画用的小狼毫、小白云刻画细节；水彩笔和油画笔，在处理特殊效果时也能用上。图 4.7、图 4.8 所示为不同形状的画笔。

图 4.7　扇形笔、圆形笔

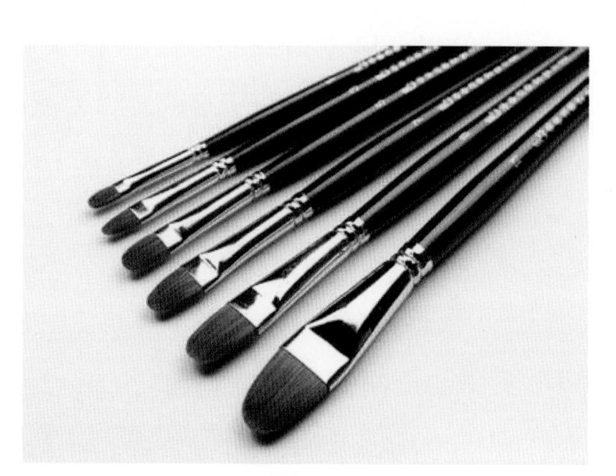

图 4.8　扁形笔

4.1.4　画架与画凳

画架的主要作用是放置画板。写生画架通常为木制或铝制，体积小、重量轻且易于携带，既能上下调节，又能控制俯仰角度，有的画架还能放置调色盒等工具，非常方便。画凳最好选择能调节高度的，以方便自由调节。画架与画凳如图 4.9 所示。

图 4.9　画架与画凳

4.1.5　调色盒与调色盘

调色盒主要是装颜料，这里有几点需要注意：一是调色盒内要有海绵，每次用完后要将海绵浸湿放在盒盖内，这样可以保持颜料的湿度；二是不要用调色盒盖当调色盘，因为调色盒盖不仅面积小，而且易将脏色带进干净的色格里，影响颜料的纯度，所以最好选用专用的调色盘；三是调色盒里的颜料不要装得太满，以避免混色；四是装颜色时要从调色盒的一边按照由浅到深、由暖到冷的顺序装。调色盒与调色盘如图 4.10 所示。

4.1.6 颜料

颜料是指用来着色的粉末状物质。美术用的颜料基本要求颗粒越细腻越好，颜色越鲜艳越好，越持久不变色越好（稳定性要好）。

水粉颜料最初是在水彩颜料里添加白色的粉料，使颜色不透明而发明的。

水粉颜料的品牌很多（图 4.11），颜色种类也颇多，色阶非常丰富，用起来十分方便，颜色种类的多少，可以根据个人的喜好和需要来选择。

图 4.10　调色盒与调色盘

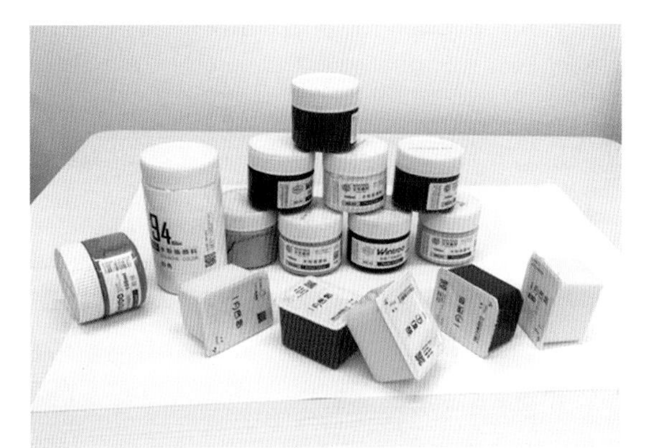

图 4.11　各种品牌的水粉颜料

4.2 水粉画的表现方法

水粉画法是服饰色彩写生常用的表现方法，也是创意服装画和服装效果图常用的画法之一。因此，我们要全面了解水粉颜料的性能及水粉材料的特性，只有通过不断练习并很好地掌握，才能提高水粉画的表现技巧，为将来的时装画创作打好基础。

4.2.1 水粉画的性能与特点

水粉画和水彩画都是以水为媒介调和颜料的画种，具有水分渗透溶化的效果。水粉颜料具有很强的覆盖力，既能进行大面积的涂绘，也能进行深入细致的刻画。

水粉画强调色“润”，如果不在水分、明度等方面下一番功夫，画面的色泽韵味就无法体现出来。通过富于肌理美的干湿笔触的节奏变化，也可以创作出好的绘画作品，如图 4.12 所示。

图 4.12 《有玩具的静物》| 山雪野

水粉画的另一个特点就是画面湿的时候和干了之后，颜色的纯度与深浅变化较大，所以建议你在开始进行第二次衔接处理的时候，最好把颜色已干的部分用喷壶喷上点水，这样才能准确有效地衔接并继续进行下去。总之，熟能生巧。随着不断练习和积累经验，你会发现提高颜色的明度和减弱颜色的纯度主要不是靠水，而是通过与白颜色或其他色相的颜色进行调和来达到的。要避免过多地使用水来调色，因为水分过多，在干了之后会使画面色彩缺少鲜明感，而且也容易将颜色涂绘均匀缺少变化；水分太多也容易使纸面上出现点状的色粒，形成色彩纯度不够的现象。

在了解水的这些性能后，也可以根据画面的需要有意识地运用水的这些性能和特点来作画，以达到像水彩画、水墨画酣畅淋漓的艺术效果（图 4.13、图 4.14）。

白色颜料是作水粉画不可缺少的一种颜料，但在调色时完全靠白颜料也不行，如果用得太多，会使画面产生浑浊、灰暗的现象。我们看到有些画面好像涂了一层粉，即“粉气”，除了是因为画面缺少对比、缺少较深而纯的颜色，还是因为过多地使用白颜料造成的。由于水粉颜料粉质高，因此画出的色彩在其潮湿时与干了以后的效果有所不同。一般情况下，干了之后的颜色不仅普遍比潮湿时淡一些，而且明度也较差。颜料里的粉质越多，变化就越大。另一种情况是在较厚的底色上着色，刚画上去颜色很淡，干了之后反而比湿的时候深，底色越深越明显。原因是颜料里的白粉在潮湿时浮在表面，看上去很淡，干了之后白粉逐渐被吸收，就会变深。所以画面上颜色涂得太厚，不易提高明度。综上所述，了解水粉画的这些特点是非常重要的。

图 4.13 《娃娃局部》| 毛雯，指导教师：山雪野、周宏蕊

图 4.14 《组合静物》| 乔宇，指导教师：山雪野、刘蓬

水粉画的表现方法非常丰富，可干、可湿、可大面积渲染，也可厚涂；运笔可缓可急，既可运用点、刮、划、拖、逆、拧、擦、扫、洗、拍等方法，也可在笔上同时蘸上几种颜色画出许多意想不到的效果。总之，只有创作方法灵活，画面效果才能丰富。许多学生在画背景时，画笔上下移动，像刷油漆一样，这是一种错误的画法，会丧失绘画感。笔触的肌理效果能产生节奏感。水粉画的笔触还可在方向、位置、速度方面进行变化，具体形式还要依画面需要而定，不拘一格，可灵活运用（图 4.15）。

图 4.15 《布娃娃》| 龚心怡，指导教师：山雪野、周宏蕊

4.2.2 水粉画的几种基本画法

1. 薄画法

薄画法(图 4.16)是一种接近水彩画的表现方法，颜料里含的水分比较多，画得比较薄，能使纸的底色透出来。一般情况下，这种方法用于铺底色或画物体的暗部，有时也可以画明亮鲜艳的景物，如阳光下的鲜花、火花等。水粉画的明度依靠白颜色来提高，但过多使用白颜色会降低颜色的纯度。用纯度高的颜色结合薄画法既可保持色彩的纯度，又能提高色彩的明度。

2. 厚画法

厚画法（图 4.17）是一种接近油画的表现方法，颜料用得比较干、厚、覆盖能力较强。厚画法也可以使用画刀。水粉画的厚画法，是相对薄画法而言的，并不是要求像油画那样厚到画面上能看出颜色的厚度。厚画法是指颜料里水分较少（不掺水或少掺水），能达到覆盖底色的程度即可，如果颜色堆得太厚，干后容易剥落。在一幅画面上，厚画法与薄画法可同时使用，如用薄画法涂底色，用厚画法塑造具体对象。

图 4.16 薄画法

图 4.17 厚画法

3. 湿画法

湿画法（图 4.18）是最能发挥水的韵味的一种表现方法，通常趁湿一气呵成，特点是新鲜、生动，让人有酣畅淋漓之感。湿画法甚至可以把纸面全部打湿后再画。这种画法应事先设计好画面构图，做到心中有数，按照水分由湿变干的顺序逐步完成。由于是趁湿衔接它的结构线，所以不可能像干画法那样严谨，有些部位的轮廓也会有出入，但只要关键部位控制住即可。

4. 干画法

干画法（图 4.19）是指一般都在底色干了之后画上去，笔触明显，作画时根据对象的体面结构一笔一笔很肯定地画上去，是一种类似油画的画法。这种画法适宜表现明暗对比强烈、粗糙厚实的物体，厚涂、薄涂都可以使用干画法。用小块颜色并置的画法，也是干画法的一种。干画法可以比较深入地刻画对象，适宜描绘比较复杂的大幅画面。但是，干画法也应注意几个问题：在底色未干时不宜覆盖，以防止底色上泛；颜色覆盖的次数不宜过多，颜色堆得太厚，会使颜色变灰、变腻；要注意笔触之间的衔接，有时可以用很干的颜色去接，避免交接处产生过于光滑的笔痕；要防止“露白”过多，一般可以用画出来再盖过去的办法，使色块交接处重叠，表现得更加自然。

图 4.18　湿画法

图 4.19　干画法

4.2.3 水粉画容易出现的问题

1. 粉气

粉气是水粉画最易出现的问题，主要是由于白颜色使用不当，画上所有的颜色里都调了白颜色，而缺少纯度较高的鲜艳色彩造成的。白颜色使用太多，或颜色一层一层堆得太厚，都会使画面造成粉气。

2. 生

生是指全用原色和纯度高的颜色作画，尤其是亮部，完全不加灰色或加得太少，会使画面色彩生硬，这种问题称为“生”。加强中间色的使用，可在一定程度上避免这种问题。

3. 灰

灰是指画面上没有最深和最亮的颜色，缺少冷暖、明暗对比，整个画面看上去没有层次感。画面灰的原因，与用色脏、粉有很大关系。

4. 花

画面花的主要原因是作画缺少整体观念，用色凌乱，不该鲜明的地方画鲜明了，不该亮的地方反而画亮了。还有一种原因就是笔触杂乱，不分主次，该虚的不虚，不需要具体的地方画具体了，整个画面使人感到琐碎不统一。

5. 脏

三原色或补色混合是一种灰黑色，如果过多使用这些颜色，或者在色彩没干的情况下用湿色过多地涂抹，往往会使画面看起来脏。原色或补色相混合，可调出各种复色。

6. 调色

在调大面积浅颜色时，应以白颜色为主，逐渐加入深颜色。反之，如果以深颜色为主加入白颜色来调浅颜色，易产生两种问题：一是颜色容易画深（和原来深颜色相比已很浅了，但放到画面上仍会比较深）；二是数量不易掌握，使深颜色变浅需加入较多的白颜色来提高明度，但不宜加得过多，以免造成粉气。

提高深颜色的明度时，要注意加入深颜色中的白颜色要少量，在画面湿的时候不易看出它们的变化，要等完全干了才能看出明度的变化。如果要想在画面湿的时候看出明度变化，则要加入较多的白颜色，这样在干了之后，往往会比你预期的明度要浅得多。注意水粉色干湿度变化大的特点，干了之后的颜色会变浅，明度会降低。颜料里的粉质越多，变化越大。因此，在调色时应注意把这一变化估计进去。调色不能像打浆糊那样把颜色调得太“熟”，以致产生气泡而影响画面效果，注意保持调色工具和用水的清洁（图 4.20）。

图 4.20　《有鞋子的静物》| 董博，指导教师：山雪野、周宏蕊

4.3　综合表现方法

4.3.1　水彩表现

水彩是一种有趣且极具表现力的绘画形式，表现技法独特、丰富。水彩画也是创意时装画、时装插画和时装效果图的主要表现方法之一。水彩画色彩明快、酣畅，既可写意，也可写实，使用不同的绘画工具进行表现，可产生独特的视觉效果（图 4.21 至图 4.23）。

图 4.21 《头饰》| 陈思，指导教师：山雪野

图 4.22 《服饰》| 高璠，指导教师：山雪野

图 4.23 《红色鞋子》| 汪光华，指导教师：山雪野

4.3.2　色粉笔表现

色粉笔具有表现力强、色彩层次丰富、色泽鲜艳、使用便捷、易于控制等特点。色粉笔有软、硬两种：较软的色粉笔着色力较好，覆盖力强，有多种色阶，适合涂大的色调，而且色调层次丰富、细腻；较硬的色粉笔适合刻画细节，可画出纤细而流畅的线条。色粉笔在表现服饰的色调及服饰质感方面具有独特的优势（图 4.24 至图 4.26）。

图 4.24　《玩具组合》| 学生作品，指导教师：山雪野、刘蓬

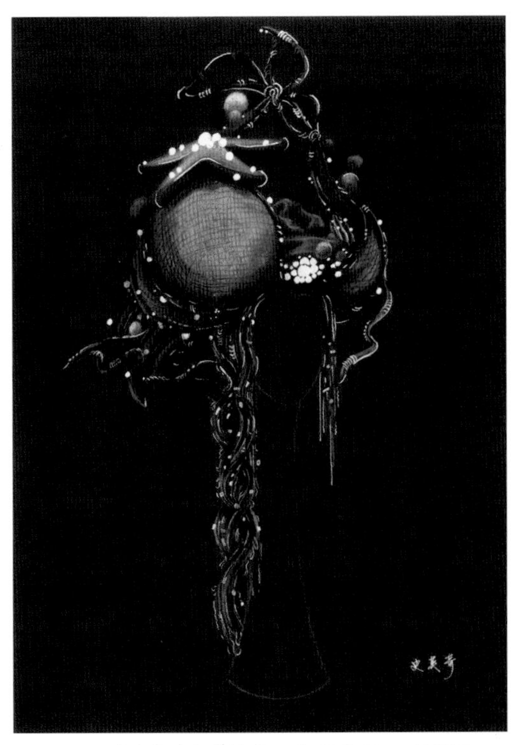

图 4.25　《头饰》| 史英奇，指导教师：山雪野

图 4.26　《礼服》| 张译伊，指导教师：山雪野

4.3.3 马克笔表现

马克笔有水性和油性两种，笔头分为扁头和圆头，颜色种类众多。水性马克笔的颜色薄而透明；油性马克笔的色彩浓艳，覆盖力强。马克笔是时装画必备的绘画工具，其表现特点是不仅可以线绘、点绘，也可以涂面，还可以同其他绘画材料（如水彩、彩色铅笔等）混合表现，具体可根据所表现的服饰和绘画风格来选择（图 4.27、图 4.28）。

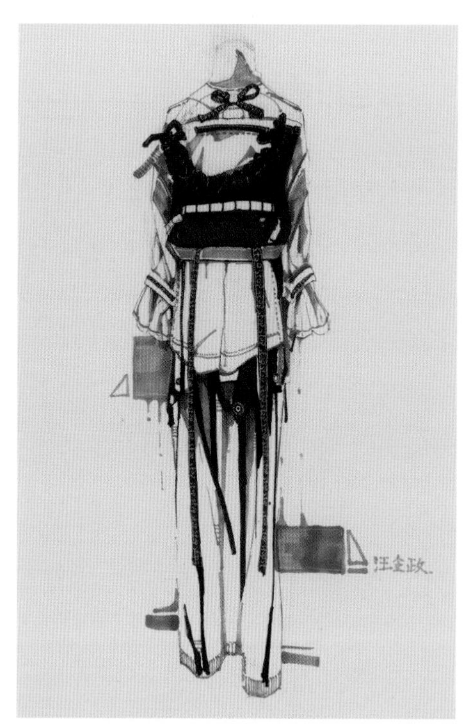

图 4.27 《服饰》| 汪企政，指导教师：山雪野

图 4.28 《组合服饰》| 王佳新，指导教师：山雪野、周宏蕊

4.3.4 彩色铅笔表现

彩色铅笔分为粉质彩色铅笔和水溶性彩色铅笔。粉质彩色铅笔可结合色粉笔进行表现，用彩色铅笔勾画轮廓和刻画细节，用色粉笔涂大的色调；而水溶性彩色铅笔用水融合后有水彩的效果，既可以用来晕染较大面积的服饰色彩，也可将笔尖削成不同的面用来刻画细节，使画面具有明快、精致的效果（图 4.29 至图 4.31）。

图 4.29 《头饰》| 李淼，指导教师：山雪野

图 4.30 《服饰》| 高岩，指导教师：山雪野

图 4.31 《头饰》| 史英奇，指导教师：山雪野

4.3.5 油画棒、蜡笔表现

油画棒和蜡笔都可用来表现特殊的色彩肌理效果，如绘制图案或小面积的装饰画，不宜大面积使用，那样会很耗时，也可与其他绘画材料（水彩、水粉、马克笔等）结合使用，会产生独特的画面效果（图 4.32、图 4.33）。

图 4.32 《花与橘子》| 于喆娇，指导教师：山雪野

图 4.33 《红色鞋子》| 张瀛月，指导教师：山雪野、周宏蕊

4.4 服饰的质感表现

在时装画中对于质感的表现非常重要，质感表现是提升服饰表现力的重要因素之一。在自然光线下，服饰形态的质感特征只有通过色调的对比和色调变化，才能呈现其自然形态，表现出服饰的色泽感和质地感，并烘托出服饰的逼真感。对服饰材质的表现，是服饰色彩写生重点研究的课题之一。

1. 绸缎类

绸缎类服饰面料质地光滑、柔软、悬垂性好，色泽明亮，色彩简洁、透明，宜用湿画法和薄画法表现，越是光滑的面料，其高光部位也越多，受环境色的影响越明显。由于高光强，反光明显，受环境色影响大，本身固有色较弱，白色绸缎的受光面与高光相比应该是灰色的，表现时应把环境色的明度降低，准确地描绘出明度和高光的关系（图 4.34）。

2. 毛纺类

毛纺类服饰面料给人的视觉感受是厚重、硬朗，色泽柔和、细腻，表面肌理粗涩、蓬松。这类面料可用厚涂法、干画法来表现，也可用综合技法来处理，如用色粉笔、油画棒与水粉结合来表现，都能很好地表现出毛纺类服饰面料的质感（图 4.35）。

图 4.34 《黄色绸缎礼服》| 金圣林，指导教师：山雪野、刘蓬

图 4.35 《服饰》| 孙畅，指导教师：山雪野、周宏蕊

图 4.36 《娃娃》| 魏嘉琛，指导教师：山雪野、周宏蕊

3. 棉织类

棉织类服饰面料的差异性较大，图案也很丰富。表现这类面料时，要注意面料上图案的明暗变化，保持与光线的统一，否则在视觉上缺乏真实感（图 4.36）。

4. 针织类

针织类服饰面料质地柔软、色彩丰富、光泽柔和、肌理效果明显，适合运用厚画法、干画法或综合技法来表现。先用大笔铺底色，再用小笔画出针织的纹理及走势，可以很好地表现出这类面料的材质特点（图 4.37、图 4.38）。

图 4.37 《服饰静物局部》| 吴佳慧，指导教师：山雪野、周宏蕊

图 4.38　《服饰静物》| 学生作品，指导教师：山雪野、周宏蕊

5. 皮革类

皮革类服饰面料具有硬朗、坚实、光洁等特点，衣褶的形状十分明显，衣褶线富有张力。皮革类服饰的色彩洗练而明快，亮部与暗部的明暗差异较大，高光和反光都很强烈，这两个区域受光源色及环境色影响较大，表现时要充分考虑这一因素。各种绘画工具和技法，都能表现出理想的皮革质感（图 4.39、图 4.40）。

6. 羽毛类

羽毛类服饰轻盈、柔软、灵动、飘逸、色彩柔和，光泽度较好，可用湿画法和综合技法来表现，但不要过分表现羽毛的细节而忽略大的形态，运笔要松动、灵活，注意虚实的对比和色调的浓淡变化。有时候，关键的寥寥数笔就会表现出柔软、轻盈的视觉效果（图 4.41）。

7. 纱类

纱类服饰面料轻薄、半透明，表面光洁，纹理细密，色彩虚实变化丰富。表现纱料的服饰可采用薄画法，因纱料是半透明的，所以面料堆积的部位色彩要浓重，透明的部位要透出底色；底色与纱料贴合得越近，底色越明显；运笔要轻快而灵活，表现出纱料轻盈的特点（图 4.42）。

图 4.39 《拳击手套与伞》| 山雪野

图 4.40 《红色皮革服饰》| 山雪野

图 4.41 《带羽毛的头饰》| 山雪野

图 4.42 《头饰》| 史英奇，指导教师：山雪野

8. 金属类

金属在服饰上出现，往往起点缀和装饰作用。由于金属材质坚硬，表面光滑，所以折射出的光源色和环境色比较明显，色彩也比较鲜明，这些特质往往成为服饰的焦点，能起到画龙点睛的作用（图 4.43）。

图 4.43 《民族服饰》| 丁相宇，指导教师：山雪野、周宏蕊

4.5 写实性服饰色彩写生的作画步骤

在服饰色彩写生中，首先要对所画的服饰进行认真观察，这里所说的观察是在理解和感受的基础上，通过直观的感受对服饰造型有一个整体的认识。其次要在观察的基础上进行仔细分析，理解服饰的组合形式、面料的质感特征，以及色彩的空间关系。通常所说的“看得(观察)明白，才能画得明白”就是这个道理。

4.5.1 水粉画写生作画步骤

1. 立意

服饰写生主要应解决的问题是立意，先通过对一组服饰的观察所得出的整体形象特征，以及通过对服饰造型、色彩、面料材质等的分析，再综合自己对色彩关系的理解，确定所选择的绘画工具和材料、采取的表现形式及作画技法，对画面的最终效果要有一个最初的预想，对所表现的服饰难度有一个初步的估计，强调设计在先的作画理念。只有这样，才能做到胸有成竹，并以饱满的情感、良好的作画状态来完成作品(图4.44)。

图4.44 服饰静物组合实物照片

2. 构图

构图是指绘画时根据题材和主题思想的要求，把要表现的形象适当地组织起来，构成一个协调的、完整的画面。例如，用多大的纸张、什么颜色的服饰、背景是什么、主要服饰和次要服饰的光线角度等，综合了几种因素之后，才能确定画面的主色调、色彩区域和具体位置的安排。一幅作品的构图是展示其绘画性的基础，关系到画面的比例与主要形体之间的张力。纸的边缘大小、服饰之间的位置关系及色彩安排，这些问题都集中在构图上解决。可以这样认为，一幅作品的好坏，很大程度上取决于构图的好坏。图 4.45 所示为两幅不同色调的横幅构图小稿。

图 4.45　两幅不同色调的横幅构图小稿

构图的原则概括起来是4个字——变化均衡，其主要内涵是在变化中讲究均衡，在形式上表现为变化优美并富有节奏感。在服装色彩写生中，变化均衡的方式有许多，如支点与重心偏移等。在画正稿之前，通常要画多幅不同色调的构图小稿，以解决构图及色调问题，同时对所选用的材料及工具进行试验，看看是否能达到预期的效果。有些学生的绘画基本功很好，但由于不重视这一环节，往往事倍功半，得不偿失。图4.46所示是两幅不同角度、不同色调的竖幅构图小稿。

图4.46　两幅不同角度、不同色调的竖幅构图小稿

3. 起稿

服饰色彩写生的起稿有两种方法：一种是在素描稿已经画得比较完整之后，首先在画纸的后面涂上炭粉，然后将画稿拷贝上去，这样做的好处是清洁、干净，有利于画面的细节处理，一般在水彩画、彩铅画的创作上广泛应用；另一种是直接用色彩起稿，只要标记好对象的具体位置和大体明暗关系就行。起稿的颜色一般用中性色，如赭石、褐

色，因为中性色的色相统一、纯度不高，便于覆盖，所以被广泛使用。如果用大红色起稿，由于色彩纯度高，影响下一步的色彩关系的确立，所以初学者最好不用纯色起稿。对色彩掌握比较熟练的人画暖色调子，通常会用蓝色起稿，完成后的作品上会留下星星点点的补色，效果独特。另外，暖色画面用土黄色起稿，会造成一种基调气氛，也是可行的（图 4.47）。

图 4.47　起稿

4. 铺大色

铺大色之前，要考虑好水粉技法的要素，如什么地方需要用干擦法、什么地方应该用湿画法、什么地方纯度最高、什么地方适合用薄画法等。总之，铺大色时，用色要薄，带点水分，有色彩倾向就可以。色彩效果是依靠色彩之间的相互关系形成的，如果用色不准确，可在铺大色时进行调整，一步步准确地把握色彩关系。铺大色时应整体进行，有的学生在铺大色时只画主体不画背景，这样会缺少大的色彩对比。所以，在铺大色的时候应力求确定好明度、色相、纯度，做到整体而细致（图 4.48）。

图 4.48　铺大色

5. 深入刻画

深入刻画就是细致描绘，处理主体的细节和色彩之间的微妙关系、局部与整体的关系、主体与背景的关系等。深入刻画不是客观地描摹，而是要分清主次关系，画出对象的形体，并对细节进行刻画。在深入刻画的时候，切忌把笔蘸得很饱满，画得很厚，这样会使色彩涂得过厚，影响继续深入。饱和度是色彩专业术语，意思并不是将笔饱蘸颜色，也不是把色彩画得厚实些，而是将色彩的纯度提高一些。所谓“厚实”，是指色彩效果饱满、沉稳、有重量感，与颜色的薄厚无关（图 4.49）。

6. 整理完成

当所有的细节表达充分后，还要从细节中走出来，回到整体的效果中，一幅画的整体效果是最重要的。细节并非目的，传达对色彩的总体印象，比过分地追求细节更加重要。所以当深入刻画完成后，要进行整体性的调整，要在画面效果最好时收住笔，做到适可而止。否则，很可能会造成色彩效果的破坏。最后再检查一下画面，看看有无遗漏，有经验的人会把某些最初的效果保留到最后，使画面效果鲜明、衔接恰当、张弛有度（图 4.50）。

图 4.49　深入刻画

图 4.50　整理完成

4.5.2 水彩画写生作画步骤

1. 起稿

先用铅笔起稿，可用 HB 铅笔起稿，大的轮廓及需要细致刻画的部位起稿要准确，如图 4.51 所示。

2. 铺背景色

先将纸面打湿，用大约 3cm 宽的软毛板刷涂画背景和羽毛的暗部，注意水分的把握，使色彩自然融合，尽可能一次完成（图 4.52）。

图 4.51 起稿

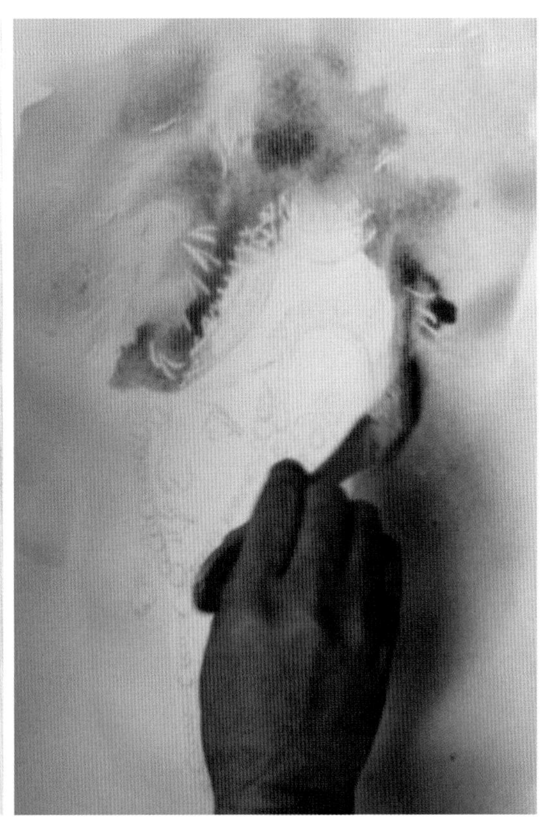

图 4.52　铺背景色

3. 局部描绘

将需要的色彩趁着画面湿的时候进行融合，形成浓重、虚实的色彩变化，保持轻松、流畅的画面效果(图 4.53)。

4. 整理完成

采用小号笔对关键部位的细节进行刻画，力求表现准确，使色彩层次更丰富、质感特征更鲜明。但不要画得面面俱到，以免破坏整体画面和谐统一的效果(图 4.54)。

图 4.53　局部描绘

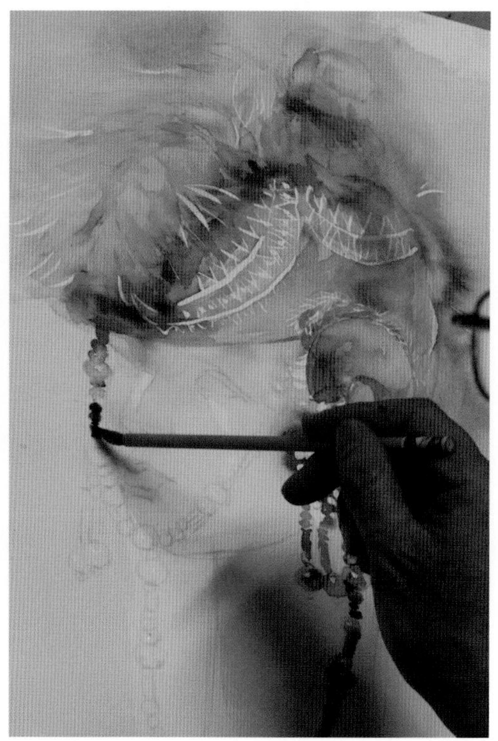

图 4.54　整理完成

【思考与实践】

1. 在服饰色彩写生中，具象写实方法的表现特征有哪些?
2. 尝试根据不同的服饰特征选择不同的工具和材料进行表现。
3. 完成 4 幅构图小稿（16 开纸），从中选择一幅完成大稿（4 开纸）。

CHAPTER FIVE

第 5 章 色彩归纳写生

第5章 色彩归纳写生

【本章引言】

色彩归纳写生以归纳为手段，将对自然色彩的写实表现转换到对自然色彩的装饰表现。本章的重点是掌握色彩归纳写生的造型特征和色彩特征，及其基本要素和表现方法。

【服饰色彩写生作品欣赏1】

【服饰色彩写生作品欣赏2】

【服饰色彩写生作品欣赏3】

【服饰色彩写生作品欣赏4】

5.1 色彩归纳写生概述

5.1.1 色彩归纳写生的概念

色彩归纳写生是艺术设计专业中重要的一门课程，该课程的研究和训练是从绘画性写生向设计专业的一种过渡和衔接。绘画性写生较多采用写实的方法，以准确表达客观物象的存在状态为目标，在写生中多强调直觉和感性认识。色彩归纳写生则是在对客观物象感性的基础上，强化了主观表现和理性设计意识。它不以描绘对象的客观存在状态为目的，而是以设计专业的造型需要和思维发展为取向，其目的在于为艺术设计奠定基础（图 5.1）。

图 5.1 《头饰》| 郑越鸣，指导教师：山雪野、周宏蕊

5.1.2 色彩归纳写生的表现特征

色彩归纳写生是相对写实性色彩写生而言的，是对客观色彩进行高度概括而获得的主观色彩，也称为装饰色彩。本课题训练将通过写生的方式进行，主要包括立体归纳写生和平面归纳写生。色彩归纳写生以归纳为表现手段，获取对装饰性色彩的认识和把握，是将自然色彩的写实性表现转化为自然色彩的装饰性表现，这是色彩造型观念的转变，也是造型方式、方法的转变。其表现特征如下。

1. 简约性

色彩归纳写生不强调客观色彩的环境因素和色彩的空间深度，不追求客观物象的绝对真实；而是将繁杂的客观物象的形、色进行高度的概括、提炼和整理，使其成为具有装饰特征的色彩形象（图 5.2、图 5.3）。

2. 条理性

色彩归纳写生从客观的、感性的观察与表现，转化为主观的、理性的观察与表现。它强调主观地将复杂的、客观的物象转化为有秩序的、简洁的画面效果。同时，积极调动主观想象力，寻找自己的造型语言，可以使客观的物象更具有装饰色彩的特征（图 5.4、图 5.5）。

图 5.2 《鞋子组合》| 冯雨欣，指导教师：山雪野

图 5.3 《服饰》| 张婷，指导教师：山雪野

图 5.4 《组合服饰》| 范子燕，指导教师：山雪野、周宏蕊

图 5.5 《头饰》| 谢嘉欣，指导教师：山雪野、周宏蕊

3. 夸张性

色彩归纳写生不以表现客观真实为目的，而是根据创作需要设计、组织、塑造与现实有一定距离的色彩形象，对客观物象的元素进行选择、组织、提炼，使之具有夸张、变形的多元性和装饰意味，以达到在客观物象特征的基础上进行主观表达，使作品具有现实与非现实双重性质的视觉效果（图 5.6、图 5.7）。

图 5.6 《服饰静物》| 邹敏，指导教师：山雪野、刘蓬

图 5.7 《静物组合》| 曲艺，指导教师：山雪野

4. 平面性

色彩归纳写生在描绘客观物象时，不以塑造物象的立体形象和空间色彩为目标，减弱或放弃对体积色彩的空间透视，而是主观地以平面的形式组织色彩，将具有三维的自然形体、色彩转化成具有二维平面的装饰画面。平面化是色彩归纳写生表现的主要特征和研究目的（图 5.8、图 5.9）。

图 5.8 《服饰》| 李依桐，指导教师：山雪野、周宏蕊

图 5.9 《组合服饰》| 李修晨，指导教师：山雪野、刘蓬

5.1.3 色彩归纳写生的要素

色彩归纳写生是一种感性与理性相互交融的过程。不管是敏锐的观察、即兴的感受、理性的分析，还是创作思想、设计理念的表达，都必须通过具体的视觉形象，即通过构图、构形、构色和画面形式体现出来。装饰性色彩写生无论从观察方式、思维方式和表现方法上，都与写实性色彩写生有着截然不同的造型理念。学习色彩归纳写生必须首先转换思维模式，从对客观写实的思维中走出来，转入对平面性色彩的感悟和学习实践中。其次，将色彩归纳写生导入对艺术形式与本质的深层次研究中，必然会带来艺术形式和风格的个性化和多样化。因此，必须以构图、构形、构色这 3 个最基本的造型要素为重点，并使它贯穿于各项具体的色彩归纳写生课题的训练中，以此来研究服饰造型写生的规律、方法和技巧。

1. 构图

构图是画面中各种元素在空间上的组合和布置方式，是画面的骨架和结构。构图由线条、色彩、形状、肌理、正负空间等元素组成，决定着画面艺术处理的基调。好的构图会提升画面效果，反之，会使画面效果大打折扣。在色彩归纳写生中，写生对象有单体服饰和组合服饰，可根据画面构图的需要，将画面中的元素进行调整，既可采用并列、错位等构图形式，也可添加一些主观生成的元素，用来丰富画面的构图（图 5.10）。

图 5.10 《手提袋与鞋子》| 高璠，指导教师：山雪野、周宏蕊

2. 构形

构形是对客观服饰形态进行归纳和整理。服饰对象形态分为立体形态和平面形态，而这两种形态都具有具象形态的特征。具象形态是指在画面中所描绘对象的形与客观物象的真实距离。具象构形可分为两种。一种是表现客观存在的三维立体空间状态的具象，即在画面中追求形态的严谨准确、空间的虚实、自然色光下客观存在的色彩关系，以及物象的质感等。这种具象构形多为写实性绘画的造型方式。另一种则是在写生中要求学生掌握的表现形式，即装饰性形态的具象构形。这种装饰性形态的特征就是不仅对客观服饰进行适当的概括、取舍，还对客观物象进行夸张、变形及平面化等主观处理，将客观三维立体形象转化为二维装饰形象（图 5.11）。

图 5.11 《民族风格的头饰》| 郑晓涵，指导教师：山雪野、周宏蕊

3. 构色

服饰色彩的构成极其丰富，它与服饰其他构成要素相结合，会产生强烈的视觉美感，是一种最富有表现力和情感的元素。从服饰色彩写生的角度看，服饰色彩处在特定的环境空间中，即使是同一种色彩，因诸多方面因素的影响而呈现出来的色相、明度、纯度也是不同的。对服饰色彩搭配关系的处理，可以体现设计者的个人风格。在写生中，既要尊重客观服饰的造型与色彩，又要对其进行主观归纳，好的色彩归纳写生作品，往往是主、客观高度统一的结合体。与写实性色彩写生相比，色彩归纳写生并非强调再现所描绘对象的色彩变化规律和客观存在状态，而是强化人们各自不同的主观感受，将个性追求和形式美的构成作为研究的主要内容。因此，在表现形式上，色彩归纳写生往往可以改变客观物象的色彩关系和自然形态中色彩的固有面貌，而不需要考虑它是否真实的色彩关系。当然，色彩归纳写生作为一种新的写生方式，必须从写实性色彩写生的经验和感受中汲取营养，这样才能充实、扩大装饰色彩的表现范围（图 5.12）。

图 5.12 《服饰组合》| 肖涵，指导教师：山雪野、周宏蕊

5.2 立体归纳写生

立体归纳写生的课题训练，主要以客观的自然色彩的变化规律作为研究目标，从而建立起对色彩基本要素的感性认识。其表现特征是将具有三维特点的客观物象在平面上表现出具有三维立体的真实感。写实性色彩写生的关注点侧重于条件色，而在表现上多做加法，即尽量感受丰富的色彩关系和微妙的色彩变化并加以表现。色彩归纳写生是以归纳为手段，将课题切入对自然的再创造中，探索装饰性色彩造型的表现语言。色彩归纳写生在感受的基础上更注重理性的处理和对固有色的关注，注重做减法。以简约的色彩创造出富有形式意味的装饰画面，是立体归纳写生的目标。

5.2.1 立体归纳写生的特征

立体归纳写生是介于写实性色彩写生与平面归纳写生两者之间的一种表现形式，具有以下两方面的特征。

（1）立体归纳写生既尊重了写实色彩的客观性，又具有对物象概括、表现的主观性，是两种造型理念转化的有效过渡方式，起到承前启后的作用。立体归纳是以客观物象的形体、色彩关系为表现依据，通过焦点透视来体现构图特征的，其特点是绘画者的观察点和透视点都相对固定，对客观服饰不做过多的改变，在构图、构形、构色方面也多遵循物象客观呈现的自然状态。立体归纳所形成的画面风格既有客观的具象特点，又有别具一格的装饰效果，其视觉样式本身就具有较强的审美特征和独立存在的艺术价值。因此，在装饰绘画、现代绘画以及现代设计领域，这种形式不乏其用（图 5.13、图 5.14）。

（2）立体归纳写生是从写实性色彩写生过渡到平面归纳写生的一种新的写生方式，因为这种归纳写生在构图、构形、构色方面，在一定程度上摆脱了对客观物象的依赖，增加了学生在各自感受基础上的表现成分。在尊重自然秩序和透视规律的前提下，先对服饰丰富的明暗关系进行归纳，对服饰的形态、色彩、空间关系进行提炼和整理，画面既有一定的光感、立体感和空间感，又具有一定的装饰意味。因此，创作者不同的感受，加之运用不同的表现技法，就会产生不同装饰风格的作品（图 5.15、图 5.16）。

图 5.13 《兜子与玩具》| 孙彬赫，指导教师：山雪野、周宏蕊

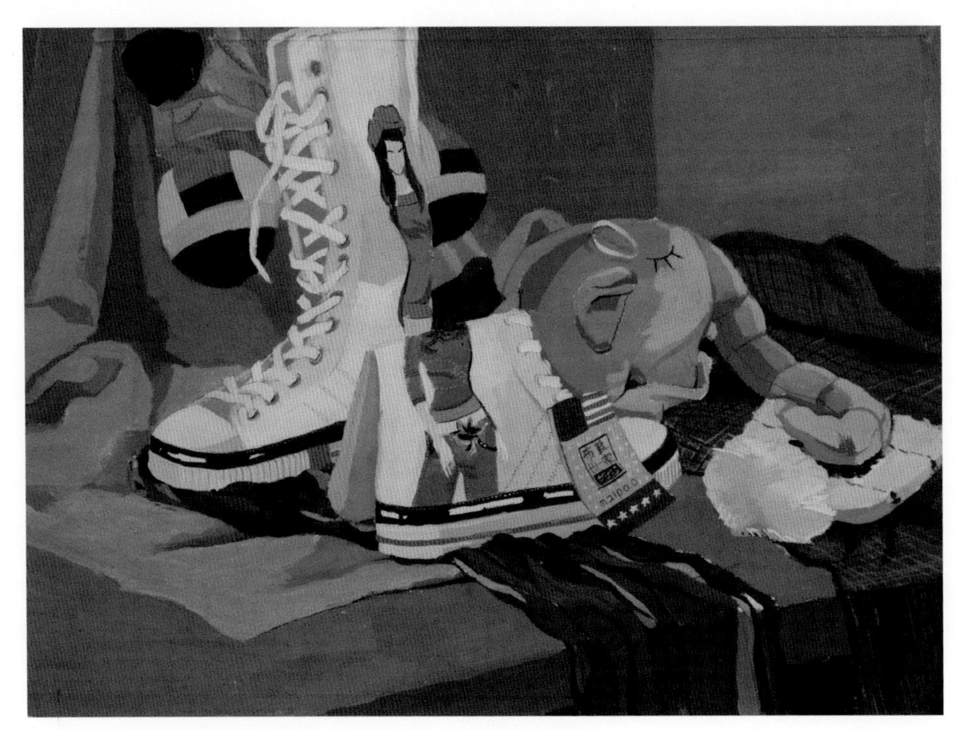

图 5.14 《服饰静物》| 查婷婷，指导教师：山雪野、刘蓬

图 5.15 《头饰》| 山雪野

图 5.16 《玩具组合》| 吕雪岩，指导教师：山雪野、刘蓬

5.2.2 立体归纳写生的表现方法

立体归纳是服装绘画中常用的表现形式之一，是指在保持客观服饰的立体感、光感、空间感的基础上，首先对服饰进行整合，然后分面填色。立体表现法对丰富的形体、色彩关系进行有限度的归纳，用色种类不宜过多，通常采取平涂的手法加以平面化处理，形成色阶的变化，表现上应以较少的色阶变化表现出丰富的色彩效果。立体表现的块面是指具有立体感的整体；而面是指局部性的转折面，每个面都是经过形体、色彩归类后所具有的典型色彩特征。因此，色块会随形体的转变、推移而形成色阶。在立体归纳写生中，不同的表现方法，会产生不同的画面效果。

1. 拼接法

拼接法是装饰绘画中一次性的表现方法。通常先对所表现的服饰概括、提炼出明暗（黑、白、灰）区域，对服饰色彩的明度、纯度限定阶区；再进行填色，颜色要均匀，浓度要适当，同一种颜色的服饰要一次性填完，完成一部分，再填另一部分。拼接法采取整体把握、局部完成的方法，因此，创作者要心中有数，不能只凭感觉，切忌反复修改，造成画面的混乱，失去画面的装饰趣味（图 5.17 至图 5.19）。

图 5.17 《玩具组合静物》| 韩欣彤，指导教师：山雪野、周宏蕊

图 5.18 《组合静物》| 何鑫，指导教师：山雪野、周宏蕊

图 5.19 《玩具熊与兜子的组合》| 孙涵，指导教师：山雪野、周宏蕊

2. 叠加法

叠加法是一种逐层表现的方法，通常采用覆盖力较强的水粉颜料，着色时遵循逐层叠加的方法，首先铺出基本色调，然后一层一层地画，待第一层颜色干透后再叠加第二层颜色，避免产生混色。尽管叠加法可以无数次往上画，也适合长期深入，但基于色彩归纳写生的特点，不宜层次过多。适度的叠加既能够使画面丰富起来，又能够使画面色调更加统一，这样就会达到最佳的叠加效果（图 5.20 至图 5.23）。

图 5.20 《服饰》| 李涵瑀，指导教师：山雪野

图 5.21 《礼服》（一）| 高馨悦，指导教师：山雪野

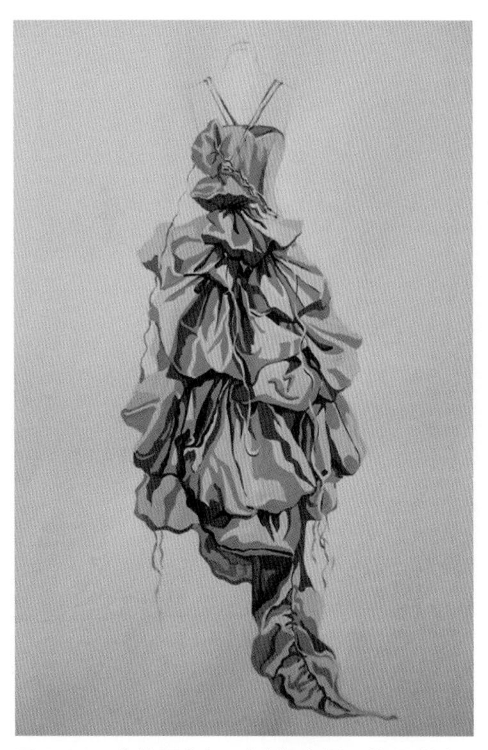

图 5.22 《礼服》(二) | 郑晓涵，指导教师：山雪野、周宏蕊

图 5.23 《红色礼服》| 李淼，指导教师：山雪野

3. 点、线表现法

点、线都是造型的基本要素，都具有平面性、直接性和装饰性的功能。在色彩归纳写生中，点和线都可以单独使用，并以限色为基本原则，这就要求对画面有一个精心的整体设计，体现出点、线独特的表现效果。

（1）点绘表现。点是造型的基本元素之一，点的组合可以表现光影，一般由浅入深或由深至浅，都能表现明暗丰富而细腻的形体与色彩关系。写生中以点绘的形式表现物象，是通过限色实现的，用预先设定的几种颜色分别加以点绘，点的疏密、大小都是变化的因素。在塑造具体形象时既可通过单色点来表现，也可通过多色点的空间混合达到预想的色彩效果（图 5.24、图 5.25）。

（2）线绘表现。线作为造型最基本的绘画语言，不仅可以表现形体的外部特点和内在结构，也可通过疏密、粗细以及不同的组合，形成不同明度、不同色相的色面，产生独特的视觉效果。线具有一定的方向感，会使画面产生动感和韵律感，以达到表现形体与色彩立体空间关系的效果，也会产生独特的画面风格。通过运用不同长短、不同形状、不同方向变化的线的组合，可创造不同的画面效果（图 5.26、图 5.27）。

图 5.24　《有花的静物》| 田晶晶，指导教师：山雪野

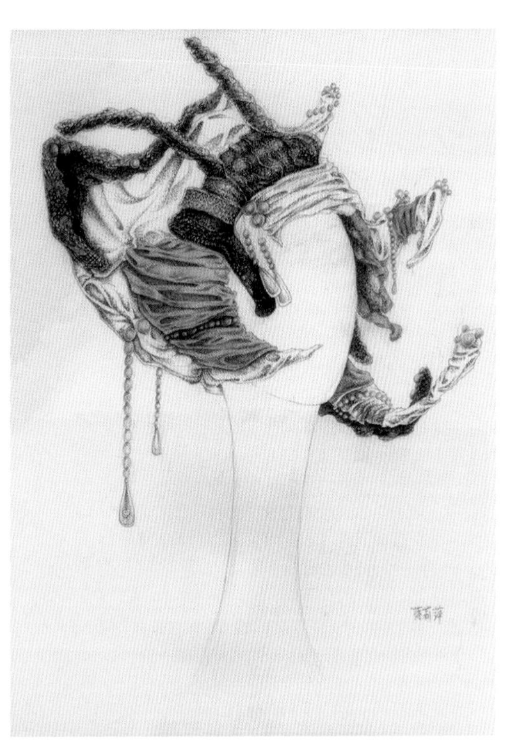

图 5.25　《头饰》| 蒋莉萍，指导教师：山雪野

图 5.26　《组合头饰》| 周宏蕊

图 5.27　《头饰》| 刘雪晴，指导教师：山雪野

（3）点、线、面综合表现法。点、线、面是图形的基本元素。在色彩归纳写生中，对点、线、面的综合运用，既可以表现出丰富的绘画语言，也可以塑造出不同风格的画面效果。只要你仔细观察，就可以发现任何服饰中都存在许多点、线、面的构成元素，这些点、线、面的结合有时候是相对的，相同的东西在不同的面上，会体现不同的变化元素；不同面、不同位置、不同方向上的点，会给人不同的视觉感受。因此，在写生中既要掌握点、线、面的构成规律，又要灵活运用这些元素，创造具有丰富的装饰韵味的画面效果（图 5.28、图 5.29）。

图 5.28 《黄色头饰》| 孟祥玲，指导教师：山雪野、周宏蕊

图 5.29 《头饰》| 李骏明，指导教师：山雪野

5.3 平面归纳写生

平面归纳写生是在立体性归纳写生的基础上进行的训练内容，也是色彩归纳写生训练的重点，在观察方法、思维方式及表现形式上，更具有装饰色彩特征。

5.3.1 平面归纳写生的特征

平面归纳写生要求在面对客观物象时抛开光线照射的影响，对服饰进行平面化处理，从形态构造、体面转折上着手，抓住服饰的轮廓线并分出结构转折面，把复杂的立体形态进行平面化处理，弱化或抛弃空间透视变化。同时，应关注服饰固有色及明度形成的整体对比关系，在此基础上将层次丰富的服饰色彩进行整色提炼。在写生中，应重点把握服饰的造型特征及服饰色彩的色相、明度、纯度对比，强调画面的整体色调倾向和色块构成因素，形成更具有装饰意味的表现形式。

平面归纳写生可分为客观性平面归纳写生和主观性平面归纳写生。

1. 客观性平面归纳写生

客观性平面归纳写生要求以平面化的形式表现客观物象，构图仍可依照物象客观存在的空间状态不做改变，形体也可不做过多变形，色彩也不做过多调整，给人一种较为写实的平面化效果。这也是从立体归纳向主观平面归纳的衔接与过渡（图 5.30）。

图 5.30　《组合服饰》| 张啸源，指导教师：山雪野、刘蓬

如图 5.31 所示，创作者选择俯视构图仍依照物象客观存在的空间状态不做改变，形体与色彩也未做过多的变化，采用点、线、面的表现形式，同样给人一种较为写实的平面化效果。

如图 5.32、图 5.33 所示，创作者分别选用灰色卡纸和黑色卡纸作为画面基调，把复杂的立体形态进行平面化处理，提炼出头饰的固有色及明度形成的整体对比关系，产生了一种更具平面化的装饰效果。

图 5.31 《玩具组合》| 马亮，指导教师：山雪野

图 5.32 《头饰》| 李依桐，指导教师：山雪野、周宏蕊

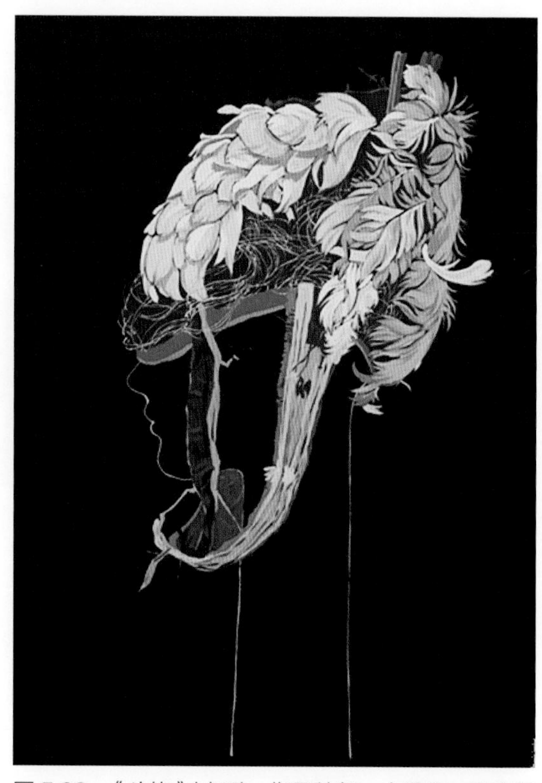

图 5.33 《头饰》| 赵璐，指导教师：山雪野、周宏蕊

2. 主观性平面归纳写生

主观性平面归纳写生要求在构图、构形、构色上，根据绘画者的主观想法和画面需要，采取移位、游动的全方位的观察方法，减少由于透视造成的物体之间的重叠、遮挡，建立合适的画面位置关系，形体处理采取夸张、变形的手法，改变客观物象的自然形态，使之平面化；在构色的组织上可强化主观色彩，并采用平涂的手法进行表现。因此，同立体归纳写生相比，这种训练涉及了构图、构形、构色等方面全新的表现方法（图 5.34）。

图 5.35 至图 5.38 所示的 4 幅作品，根据主观性平面归纳写生的要求，绘画者在构图、构形、构色上都进行了主观表现，采取移位、游动等观察角度建立合适的画面位置

图 5.34 《服饰》| 谢嘉欣，指导教师：山雪野、周宏蕊

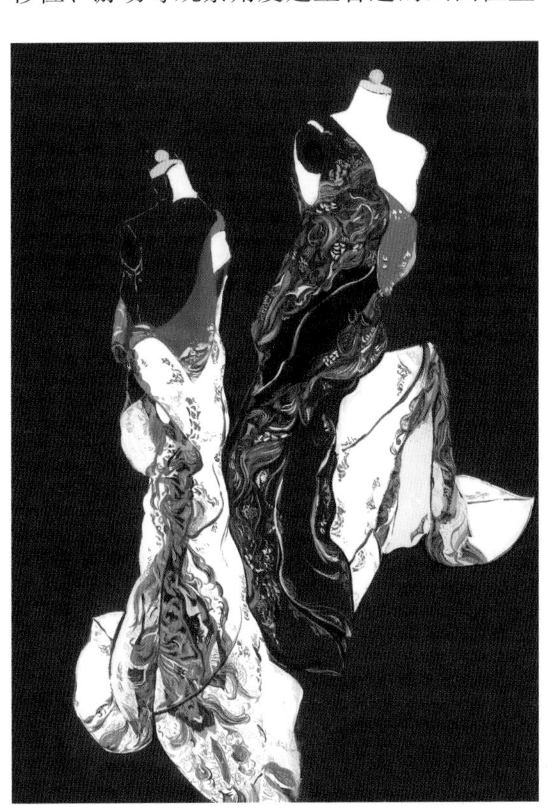

图 5.35 《服饰》| 景志元，指导教师：山雪野、周宏蕊

图 5.36 《头饰》| 倪润青，指导教师：山雪野、周宏蕊

图 5.37 《服饰》| 尚亚坪，指导教师：山雪野、周宏蕊

图 5.38 《服饰图案》| 学生作品，指导教师：山雪野、周宏蕊

关系，并采取夸张、变形的表现手法，改变了客观物象的自然形态，构建了平面化的画面效果。

5.3.2 平面归纳写生的表现方法

平涂是平面归纳写生的基本表现方法，要求每块颜色都要均匀平涂，以色彩干净利落、涂色均匀为特点。运用不同的平涂手法，可以产生不同的画面效果。

1. 拼接法

拼接法对构形、构色的要求较高，先用铅笔勾好形，再一种颜色接一种颜色地进行填色，在两种颜色的衔接处，应避免色彩涂层产生肌痕，那样会破坏和谐统一的画面效果。拼接就是利用色块之间的和谐关系，取得一种整体的装饰效果（图 5.39、图 5.40）。

2. 勾线法

线的种类很多，不同工具勾出的线具有不同的视觉效果，不同色彩的线也带有不同的情感特征。勾线平涂是在色块边缘用不同的线塑造形象，以线、面结合的形式表现对象，以线塑形，以色表现面。根据画面需要可先勾线后填色，也可先填色后勾线（图 5.41 至图 5.43）。

图 5.39 《组合服饰》| 闫吉星，指导教师：山雪野、周宏蕊

图 5.40 《服饰》| 丁相宇，指导教师：山雪野、周宏蕊

图 5.41 《组合静物》| 张啸源，指导教师：山雪野、刘蓬

图 5.42 《头饰》| 李俊男，指导教师：山雪野、刘蓬

图 5.43 《头饰》| 张茜睿，指导教师：山雪野

图 5.44 《花瓶》| 于喆娇，指导教师：山雪野

3. 叠透法

叠透法是指形象的两种颜色部分重叠，但产生重叠的部分互不遮挡，且保持外轮廓的完整，通过色彩替换，从而形成第三种颜色，使重叠部分形成新的图形，也可主观设定第三种颜色，而不破坏原来形象的外形，其形象有一种透明的效果，无前后层次之分。叠透法可使画面产生丰富的偶然性的变化，而在形式上又具有极强的统一性（图 5.44）。

5.3.3 平面色彩归纳写生的综合表现法

综合表现法是以平面化为基本效果，运用不同工具材料进行综合描绘，体验各种材料的不同特性，如马克笔、彩铅笔、油画棒、蜡笔等，可以结合水粉、水彩等水性颜料产生特殊的肌理。这种运用不同工具与材料创造出的肌理效果，会形成不同的画面形式和表现风格（图 5.45 至图 5.48）。

图 5.45　《百合花》| 张华，指导教师：山雪野

图 5.46　《头饰》| 王嘉怡，指导教师：山雪野

图 5.47　《头饰》| 于洪格，指导教师：山雪野、刘蓬

图 5.48　《红色头饰》| 孙畅，指导教师：山雪野、周宏蕊

综合表现法还可以根据不同服饰风格和面料质感特征，使用不同肌理的纸张进行表现。特殊的纸张与不同工具材料的综合运用，也会产生与服饰面料相吻合的肌理效果和色调。但一幅作品中使用的工具材料和技法不宜过多，以免造成杂乱的画面效果。只有选择合适的工具材料和技法，才能创造出独特的作品。图 5.49 至图 5.52 所示的几幅作品使用不同的纸张、工具材料，形成了特殊的画面肌理和色调。

图 5.49 《头饰》| 学生作品，指导教师：山雪野、周宏蕊

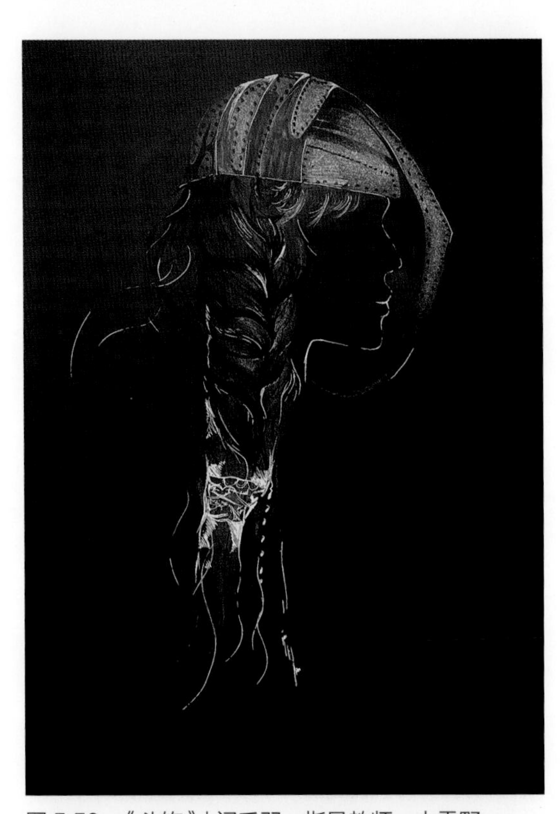

图 5.50 《头饰》| 闫千羽，指导教师：山雪野

图 5.51　《头饰》| 杜雨婷，指导教师：山雪野、周宏蕊

图 5.52　《民族服饰》| 梁雨诗，指导教师：山雪野、周宏蕊

5.4　色彩归纳写生的作画步骤

色彩归纳写生的关键是按照色彩归纳写生的 3 个要素去观察和组织画面，确定作画方案，预想最后的画面效果。具体作画步骤可根据所表现的服饰和设计的画面效果来决定，要灵活运用，可以先铺大的基调，然后逐层刻画，也可以采用局部推进的方法。无论采用哪一种方法，都以最终达到预想的画面效果为目的。

1.《鞋与兜子的组合静物》作画步骤

步骤一：用铅笔以单线起稿，画出鞋和兜子的造型特征和细节，注意鞋和兜子的透视及空间关系，在构图、构形上力求准确细致（图 5.53）。

步骤二：可采用局部推进的表现方法，从画面主体着手开始画，对整体的造型和色彩关系要做到心中有数，表现上要留有余地（图 5.54）。

图 5.53　步骤一

图 5.54　步骤二

步骤三：对两个兜子和针织帽子进行描绘，将同类色进行对比，使色彩既和谐统一，又有变化（图 5.55）。

步骤四：从画面中心展开铺色，大的色块要简洁明确，要对色彩及细节进行提炼和取舍，同时注意色彩的饱和度与对比度（图 5.56）。

图 5.55 步骤三

图 5.56 步骤四

步骤五：深入刻画点缀部分的细节，使整体画面的主次关系及构成元素更加鲜明，更具有装饰意味。完成后的效果和静物组合实物照片分别如图 5.57 和图 5.58 所示。

图 5.57　步骤五完成后的效果

图 5.58　静物组合实物照片

2. 《服饰静物组合》作画步骤

步骤一：这幅画使用的是灰色纸，利用纸的颜色构成画面的基调。线描稿同样要求准确、概括，要对画面的整体关系有一个预想的设计（图 5.59）。

步骤二：从局部出发开始表现，先塑造出主体玩具娃娃的立体形态，再将几块红色逐一涂绘出来（图 5.60）。

图 5.59 步骤一

图 5.60 步骤二

步骤三：接下来塑造蓝灰色的兜子，明确与前面玩具娃娃的空间关系，完成了大的色彩对比关系，使形象更加鲜明（图 5.61）。

步骤四：继续完善画面色彩，注意大的色块对比和小面积色彩的差别，强调画面的完整性、装饰性（图 5.62）。

图 5.61　步骤三

图 5.62　步骤四

步骤五：从整体关系入手进行调整，丰富画面中点、线、面的构成要素，使画面效果更具有和谐统一的装饰特征。完成后的效果和静物组合实物照片分别如图 5.63 和图 5.64 所示。

图 5.63　步骤五完成后的效果

图 5.64　静物组合实物照片

3. 《头饰组合静物》作画步骤

步骤一：画面采用焦点透视的构图形式，用铅笔以单线起稿，勾出头饰的轮廓和结构，服饰特征及空间关系要准确（图 5.65）。

步骤二：铺大色，用平涂的方法布置大的色彩基调，色彩要涂均匀，同时注意色彩明度、色相、纯度及冷暖的对比关系（图 5.66）。

图 5.65 步骤一

图 5.66 步骤二

步骤三：采用叠加的表现手法对主体头饰进行塑造，表现出明暗层次及立体感，使主体形象更加突出（图 5.67）。

步骤四：刻画关键部位的细节，强调画面中的点、线、面构成要素，增加色彩的层次，以达到丰富整体画面的效果（图 5.68）。

步骤五：调整画面的细节，使画面的色调更加统一协调，具有较强的装饰效果。完成后的效果和头饰实物照片分别如图 5.69 和图 5.70 所示。写生过程中的局部细节图如图 5.71 所示。

图 5.67　步骤三

图 5.68　步骤四

图 5.69　步骤五完成后的效果

图 5.70　头饰实物照片

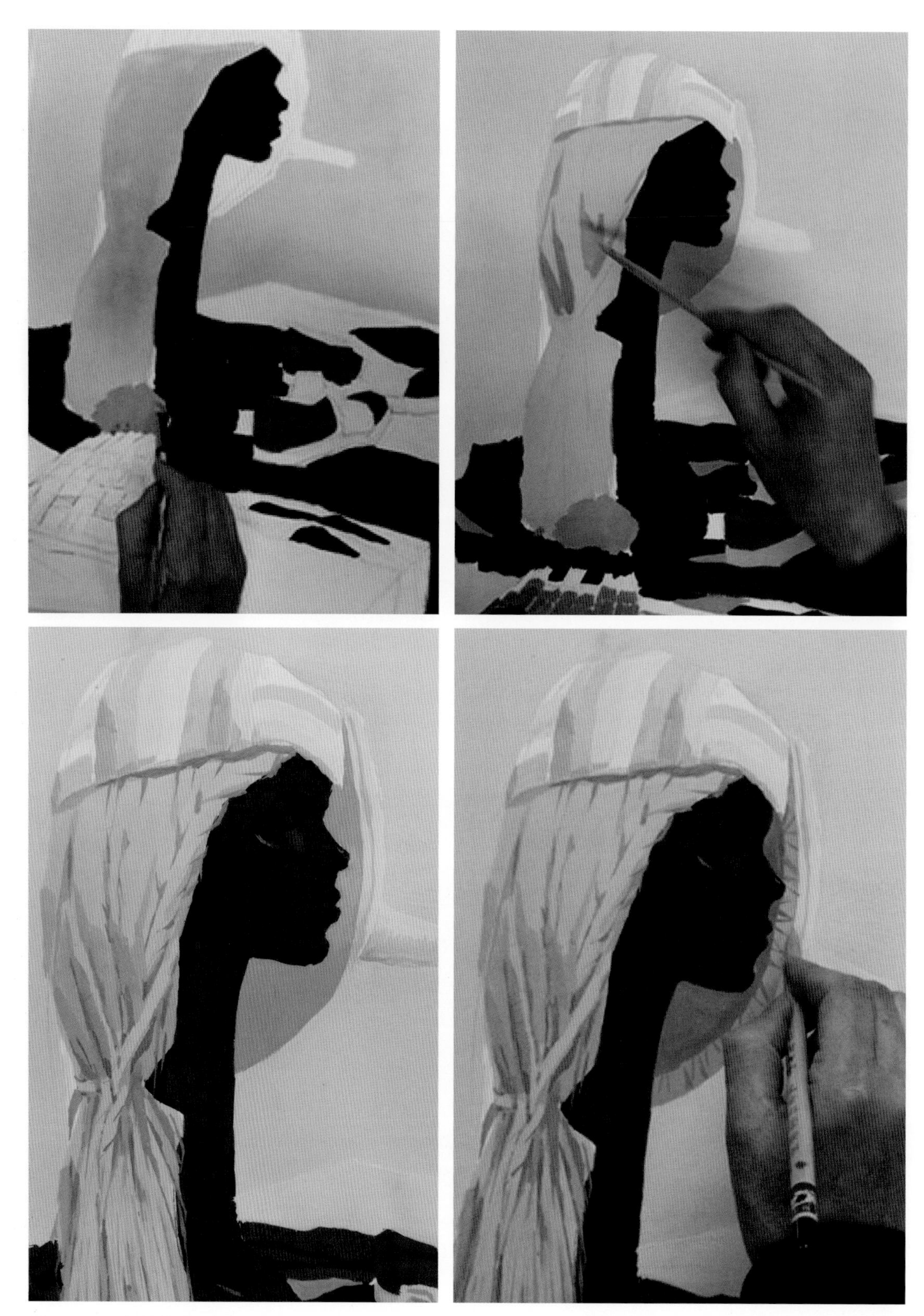

图 5.71　局部细节图

图 5.71　局部细节图（续）

【思考与实践】

1. 如何理解写实性色彩写生与色彩归纳写生这两种不同的造型理念及造型特征？
2. 探索应用不同的工具材料和选取不同的表现形式进行归纳性服饰色彩写生。
3. 以归纳的形式完成 8 幅小色稿（16 开纸），完成两幅大色稿归纳写生作业（4 开纸）。

参考文献

雷切尔・沃尔夫，1999. 静物基础技法［M］. 任晶，译 . 沈阳：辽宁画报出版社 .
米征，2005. 色彩［M］. 成都：四川美术出版社 .
孙为平，2004. 色彩归纳写生［M］. 北京：北京工艺美术出版社 .
赵云川，安佳，2000. 色彩归纳写生教程［M］. 沈阳：辽宁美术出版社 .
邹游，2012. 时装画技法［M］. 2 版 . 北京：中国纺织出版社 .

结　语

本书有别于传统的绘画基础训练教材，是专门针对服饰艺术设计专业编写的一本色彩基础训练教材。书中详细讲述了服饰色彩写生的基本知识和表现技法，力求使理论与实践相结合；大量的范例展示与解析，使理论知识更加通俗易懂。本书是本人多年教学实践经验的总结，能够顺利编写完成，既得益于历届系主任在教学改革中的指导与支持，也得益于本人多位同事在教学中的协助，是他们辛勤的辅导才产生大量优秀的学生作品，在此向他们表达诚挚的谢意！最后，感谢北京大学出版社给予本书面世的机会，并特别感谢相关编辑给予的指导与建议！由于本人水平有限，书中若有不妥之处，还望广大读者及同行批评指正。

编著者　山雪野

2021 年 5 月于鲁迅美术学院